安心家庭

0-3岁婴幼儿
食品安全指南

巩宏斌 ◎主编

编委会成员：郭晓薇　范常文　朱颖　黄慧红　李华英

黑龙江科学技术出版社
HEILONGJIANG SCIENCE AND TECHNOLOGY PRESS

图书在版编目（CIP）数据

0-3 岁婴幼儿食品安全指南 / 巩宏斌主编 . -- 哈尔滨 : 黑龙江科学技术出版社，2018.5
（安心家庭）
ISBN 978-7-5388-9604-6

Ⅰ . ① 0… Ⅱ . ①巩… Ⅲ . ①婴幼儿－食品安全－指南 Ⅳ . ① TS201.6-62

中国版本图书馆 CIP 数据核字 (2018) 第 058931 号

0-3 岁婴幼儿食品安全指南

0-3 SUI YINGYOU' ER SHIPIN ANQUAN ZHINAN

作　者	巩宏斌
项目总监	薛方闻
责任编辑	焦琰　张云艳
策　划	深圳市金版文化发展股份有限公司
封面设计	深圳市金版文化发展股份有限公司
出　版	黑龙江科学技术出版社
	地址：哈尔滨市南岗区公安街 70-2 号　邮编：150007
	电话：（0451）53642106　传真：（0451）53642143
	网址：www.lkcbs.cn
发　行	全国新华书店
印　刷	深圳市雅佳图印刷有限公司
开　本	685 mm × 920 mm　1/16
印　张	13
字　数	180 千字
版　次	2018 年 5 月第 1 版
印　次	2018 年 5 月第 1 次印刷
书　号	ISBN 978-7-5388-9604-6
定　价	39.80 元

目 录
CONTENTS

Part 1 宝宝成长中，饮食安全很重要

Part 4 7~9个月：给长牙齿宝宝吃细嚼型辅食

Part 5 10～12个月：宝宝辅食趋向成人饮食

Part 6 1~1.5岁：营养均衡身体棒

Part 7 1.5～2岁：合理膳食脾胃好

Part 8 2~3岁：吃出健康聪明宝宝

Part

1

宝宝成长中，
饮食安全很重要

婴幼儿
食品安全的现状

配方奶粉的安全

对6月龄内的婴儿，我们提倡纯母乳喂养。母乳喂养能够保证婴儿获得全面的营养，能够健康生长发育。母乳喂养可降低婴幼儿患感染性疾病的风险，也能够避免婴儿暴露于来自食物和餐具的污染，对婴幼儿的过敏性疾病也有保护作用。

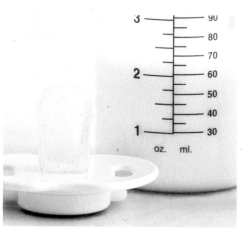

婴幼儿配方奶是不能纯母乳喂养时的无奈选择，下面来关注一下婴幼儿配方奶粉的安全。

选购配方奶粉时，要选择规模较大、产品质量和服务质量较好的知名企业的产品，这样的产品质量有保证。其次，要看营养标识是否齐全，营养成分是否齐全，营养是否合理。最后得看冲调出来的口味，有奶香味，而不是香精调成的香味。

选择合适阶段的产品。0～6个月是1段，6～12个月是2段，12～36个月是3段。要密切关注婴幼儿对奶粉的反应，如有过敏反应，要选择其他的婴幼儿配方奶粉代替。

在冲调奶粉时，要使用消毒过的、洁净的容器，先倒入65℃以下的温开水，再放入奶粉，然后充分搅拌使其溶解即可饮用。不能用开水冲调，否则会破坏奶粉中的乳清蛋白，影响婴儿消化吸收。

婴幼儿辅食

婴幼儿超过6个月龄时，就可以慢慢地添加辅食，让宝宝获得更多营养。很多妈妈会自制婴幼儿的辅食，让其获得更充足的营养。

在家中自制婴幼儿辅食的时候，必须选择新鲜、优质、安全的原材料，最好选择天然、零添加、无农药、无化肥、有机的食材来进行制作。在制作过程中必须注意清洁、卫生，制作前洗手、保证制作辅食的场所以及所涉及的厨房用品清洁安全。注意生熟食物分开，避免交叉污染。

此外，按照婴幼儿的需要制作辅食，现做现吃，吃不完的就丢弃。保证辅食安全的最基本的一点就是食物一定要煮熟，煮熟的食物才能将绝大部分的病原微生物杀灭。婴儿在添加辅食之后，腹泻的风险会变大，而辅食受到微生物污染是导致婴幼儿腹泻的重要原因，因此要勤洗手，奶瓶和杯子要充分消毒再使用。

食源性疾病

食源性疾病，顾名思义，就是通过进食食物而进入人体的有毒有害物质等致病因子所造成的疾病。

引起食物中毒的细菌往往无法用肉眼来识别，并且不能尝出或者闻出，婴幼儿最常见的食源性疾病有沙门氏菌引起的食物中毒，易被其感染的食物是生肉（包含鸡肉）、生的或者未完全煮熟的鸡蛋、未经巴氏消毒的牛奶或未经高温消毒的蔬菜，因此给婴幼儿准备食物时一定要充分煮熟，才能够将其杀灭。

另外一种食源性致病菌便是大肠杆菌。大肠杆菌是一种在儿童和成人都很常见的肠道寄生菌。没有完全烹熟的牛肉便是一种最常见的大肠杆菌的感染源，其他生食或者被污染的水也会导致该疾病的暴发。因此，在饮食中，要注意食材的安全、加工的安全，以及关注儿童的生理体征。

总之，只要谨慎地选购食物给婴幼儿食用，并且注意器皿的消毒、生熟食物的分开，是可以预防和避免这些食品发生问题的。

宝宝食品
安全选购

多选择天然有机食品

天然有机的食品，使用有机肥料的土壤进行种植，会让食物的风味更加清新、浓郁，口感更好。天然有机的食品遵循自然的农耕规律，不使用化肥、农药，没有转基因，能够让食物含有更多的微量元素以及维生素，并且保持食物的原来味道。

给宝宝们选择天然有机的食品，能够避免他们受到化学品的伤害，毕竟宝宝的免疫系统发育尚未完全，还不能对外界事物的入侵做好防御。此外按照他们的体重和食品摄入的比例来计算，宝宝们可能比成人接触更多的化学残留物。而一些加工类食品，营养价值低，并且含有一些亚硝酸盐，对宝宝的生长发育没有益处。

所以我们提倡大家选择当地的、应季的、天然的、有机的健康食品，多食用新鲜的五颜六色的蔬菜水果，用简单的烹饪方式，简单的调味，让宝宝去品尝食物最原始的味道，获得最全面的营养，健康快乐地成长。

在食品不安全的大环境下，妈妈们应该明白看食品标签的重要性，做理性的消费者。在有经济能力的情况下，去选择有机的食品，获取更多的营养，并且做到食物多样化去搭配宝宝的饮食，降低食品不安全的隐患。

学会看食品标签

看生产日期、保质期和贮存条件。保质期是指产品进行售卖时最好的品质，过期后产品品质将会有所下降，不宜食用。选择距离生产日期最近的产品，品质才最佳。另外注意看产品的贮存条件，比如冷藏、冷冻等等，这些能够更好地储存食品，否则储存不当很容易使得食品变质。

看产品名称。按照国家规定，产品名称要标注在食品标签的醒目位置，并且需要清楚地标示反映食品真实属性的专用名称。比如蓝莓果汁饮料中的果汁、饮料就必须是同一字号、同一颜色，不能把饮料二字写得非常小，让消费者误解。

看产品类别。产品类别能够有助于了解产品的真实本质。比如某标签显示乳饮料，那么它就是用白砂糖、水、牛奶或奶粉调制而成的饮料，而不是乳制品。

看特殊标识。一定要有QS企业食品生产许可标识，此外还有绿色食品、无公害食品、有机食品等标识，这样的食品食用起来更安全。

看配料表。食品的营养品质，最终是由制作该食品的原料及比例决定的。产品配料表中的各种成分是按照含量从高到低的顺序排列的，含量最高的排在第一位，最少的排在最后一位。

看营养成分表。按照《预包装食品营养标签通则》的规定，食品标签上必须注明五个基本营养数据，即食品中所含的能量、蛋白质含量、脂肪含量、糖类含量以及钠的含量，还有这些含量占一日营养供应参考值（NRV）的比例。

每一次选购食材时，都要仔仔细细地看食品标签，这样才能明白消费，为宝宝选择最健康的食品。

宝宝餐具
也要安全无害

制作餐具

1. 菜板

为宝宝准备辅食时，最好准备一个专用的菜板，减少交叉感染。使用时一定要经常清洗消毒，最好每次使用之前都先用开水烫一烫，消消毒，这样能保护宝宝的肠胃尽量少受细菌的侵扰。

2. 刀具

制作宝宝辅食的刀具包括菜刀、刨丝器等，这些用具也最好不要和大人的混用。制作辅食时，切生、熟食用的刀一定要分开，每次食用后都要彻底清洗并晾干，减少细菌的滋生。

3. 食物料理机

食物料理机可以为宝宝制作果汁和菜汁，或者将食物磨成泥。宝宝使用的食物料理机最好选择过滤网特别细的，而且可以分离部件清洗的。在使用之前要先用开水烫一遍，使用后也要彻底清洗。

4. 汤锅

汤锅可以用来给宝宝煮汤、热牛奶，还可以用来烫熟食物，方便辅食的制作，是妈妈们必备的"厨房利器"。因为宝宝的食量不大，太大的锅煮东西容易造成浪费，所以，给宝宝制作辅食时最好选用小号的汤锅，既节能又方便。

5. 搅拌器

搅拌器是制作泥糊状辅食的常用工具。一般棍状物体或者勺子等都可以，还想省事一点儿的话可以使用搅拌机，同样注意清洁就可以了。

6.榨汁机

给宝宝添加菜汁、果汁时，榨汁机是必不可少的，最好选购可分离部件清洗的。因为榨汁机是辅食前期的常用工具，如果清洗不干净很容易滋生细菌，所以在清洁方面要多加用心。

7.削皮器

家家必备的小巧工具，便宜又好用，建议妈妈给孩子专门准备一个，与平时家用的区分开以保证卫生，削皮方便又省力。

8.刨丝器、擦板

刨丝器是做丝、泥类食物必备的用具，擦板一般用不锈钢的，每次使用后都要清洗干净，晾干。食物细碎的残渣很容易藏在细缝里，滋生细菌霉菌，要特别注意。

9.蒸锅

蒸熟或蒸软食物用，蒸出来的食物口味鲜嫩、熟烂，容易消化、含油脂少，能在很大程度上保存营养素。需注意的一点是，消毒用的蒸煮锅应该大一些，便于放下所有工具，包括奶瓶、饭碗、咬胶等，一次性完成消毒过程。要特别注意的是，大部分的塑料制品都不能用高温消毒。

食用餐具

1. 塑胶碗

给宝宝准备1~3个塑胶碗，塑胶碗不像陶瓷碗那么易碎，比较适合给宝宝装辅食。带盖子碗是不错的选择，既可以防尘，也可以在宝宝外出的时候比较方便地保存食物。

2. 研磨碗

宝宝在添加辅食前期需要将食物研磨碎，宝宝使用的研磨碗要求无毒、有特殊凸点设计。研磨碗一般与研磨勺配合使用，能够轻易将食物捣碎。

3. 勺子

宝宝的肾脏发育不完全，不能使用铁质和铝质的勺子。因为这些勺子可能会释放有毒物质，增加宝宝的肾脏负担。

无毒、耐高温的塑料勺是宝宝的最佳选择。宝宝专用的汤匙一定要好拿、不滑、不易摔碎，汤匙的前端圆钝不尖锐，最好是软头的，可以避免戳到宝宝。大小适中，刚好适合宝宝一匙一口。

餐具的清洗

宝宝的餐具用完要及时清洗，既要清洗干净，又要高温消毒杀菌。清洗的时候尽量不要用洗洁精，高温消毒既可以用不锈钢锅，也可以用电动蒸汽锅或微波炉。塑胶制成的餐具都不宜久煮，建议在水沸腾后再放入，煮3~5分钟即可，否则很容易变质。

1. 汤匙

热水消毒法。直接接触食品的汤匙或叉子等，使用后放在热水中煮4分钟左右，进行杀菌消毒。

2. 刀子

使用完的刀先擦拭掉上面的油渍，然后用清洁剂洗，再用热水烫一下，可以防止细菌滋生。

3. 砧板

砧板清洗后使用热水冲洗杀菌，然后晾干。如果砧板有异味，可以撒点食用醋消除异味。

4. 抹布

使用完的抹布直接用肥皂或清洁剂清洗，之后泡在稀释5~10倍的漂白水中，拧干后放在阳光下晒。

六大营养素，
助力宝宝成长

脂肪

脂肪是构成人体组织的重要营养物质，在大脑活动中起着不可替代的作用。脂肪主要供给人体以能量，是人类膳食中不可缺少的营养素。亚油酸、α-亚麻酸均属在人体内不能合成的不饱和脂肪酸，只能由食物供给，又称作必需脂肪酸。必需脂肪酸主要含在植物油中，在动物油脂中含量较少。

富含脂肪的食物有花生、芝麻、开心果、核桃、松仁等干果，及蛋黄、动物类皮肉、花生油、豆油等。面食、点心、蛋糕等也含有较高脂肪。

蛋白质

蛋白质是人体营养的重要成分之一，约占人体重的18%。食物蛋白质中的各种必需氨基酸的比例越接近人体蛋白质的组成成分，越易被人体消化吸收，其营养价值就越高。一般来说，动物性蛋白质在各种必需氨基酸组成的相互比例上接近人体蛋白质，属于优质蛋白质。

蛋白质是生命的物质基础，是机体细胞的重要组成部分，是人体组织更新和修补的主要原料。宝宝的生长发育比较快，充足的蛋白质是宝宝脑组织生长发育、骨骼生长等新组织形成的必需原料。

蛋白质的主要来源是肉、蛋、奶和豆类食品。肉类有牛肉、鸡肉、猪肉等；蛋类有鸡蛋、鸭蛋、鹌鹑蛋等；奶类有牛奶、羊奶、马奶等；豆类有黄豆、黑豆等。此外，芝麻、瓜子、核桃、杏仁、松子等干果类食品的蛋白质含量也很高。

糖类

糖类能提供宝宝身体正常运作的大部分能量，起到保持体温、促进新陈代谢、驱动肢体运动、维持大脑及神经系统正常功能的作用。特别是大脑的功能，完全靠血液中的糖类氧化后产生的能量来支持。糖类中还含有一种不被消化的纤维，有吸水和吸脂的作用，有助于宝宝大便畅通。

糖类的主要食物来源有谷类、水果、蔬菜等。谷类有水稻、小麦、玉米、大麦、燕麦、高粱等；水果有甘蔗、甜瓜、西瓜、香蕉、葡萄等；蔬菜有胡萝卜、白萝卜等。

维生素

1. 维生素 A

维生素A的化学名为视黄醇，是最早被发现的维生素。维生素A具有维持人的正常视力、维持上皮组织健全的功能，可帮助皮肤、骨骼、牙齿、毛发健康生长，还能促进生殖功能的良好发展。宝宝如果体内缺乏维生素A，会导致皮肤干燥、抵抗力下降等症状。另外，维生素A有助于巨噬细胞、T细胞和抗体的产生，增强婴幼儿抗御疾病的能力。其对促进婴幼儿骨骼生长同样意义重大，当婴幼儿体内缺乏维生素A时，骨组织将会发生变性，软骨内骨化过程将会放慢或停止，使孩子发育迟缓，牙齿发育缓慢、不良。

动物性食物中维生素A含量丰富，如动物内脏、蛋类、乳类。植物中含有的类胡萝卜素在体内可以转化为维生素A，被称为维生素A原。深颜色的蔬菜中含量高，比如西兰花、胡萝卜、菠菜、苋菜、生菜等；水果中以杧果、橘子、枇杷等黄色水果含量丰富。

2. 维生素 B₁

维生素B₁又称硫胺素或抗神经炎素，其也被称为精神性的维生素，因为维生素B₁对神经组织和精神状态有良好的影响。维生素B₁可促进胃肠蠕动，帮助消化，特别是帮助糖类的消化，增强宝宝的食欲。

维生素B₁是人体内物质与能量代谢的关键物质，具有调节神经系统生理活动的作用，可以维持食欲和胃肠的正常蠕动以及促进消化，还能增强记忆力。富含维生素B₁的食物有葵花子仁、花生、大豆粉、瘦猪肉，其次是小麦粉、小米、玉米、大米等谷类食物。

3. 维生素 B₂

维生素B₂又叫核黄素，是一种促生长因子。膳食模式对维生素B₂的需要量有一定影响，低脂肪、高糖类膳食使机体对维生素B₂需要量减少，高蛋白、低糖类膳食或高蛋白、高脂肪、低糖类膳食可使机体对维生素B₂需要量增加。

维生素B₂参与体内生物氧化与能量代谢，在糖类、蛋白质、核酸和脂肪的代谢中起着重要的作用，可提高机体对蛋白质的利用率，促进宝宝发育和细胞的再生，维护皮肤和细胞膜的完整性，帮助消除宝宝口腔内部、唇、舌的炎症，促进宝宝视觉发育，缓解眼睛的疲劳。

维生素B₂的食物来源有奶类、蛋类、肉类、谷类、新鲜蔬菜与水果等。

4. 维生素 B₆

维生素B₆是制造抗体和红细胞的必要物质，它可帮助蛋白质的代谢和血红蛋白的构成，促进生成更多的血红细胞来为身体运载氧气，从而减轻宝宝的心脏负荷，有助于提高宝宝的免疫力。维生素B₆是水溶性维生素，需要通过食物或营养补品来补充，且不易被保存在体内，在宝宝摄取后的8小时内会排出体外。

维生素B₆的食物来源很广泛，动植物中均含有，如绿叶蔬菜、黄豆、甘蓝、糙米、蛋、燕麦、花生、核桃等。

5. 维生素 B₁₂

维生素B₁₂又叫钴胺素，是人体造血原料之一，它是唯一含有金属元素钴的维生素，能促进宝宝生长发育，预防贫血和维护神经系统健康，还能增强宝宝食欲、消除烦躁不安、集中注意力、提高记忆力和平衡性。

维生素B₁₂的食物来源有动物的肝脏；奶及奶制品；部分海产品，如蟹类、沙丁鱼、鳟鱼等。

6. 维生素 C

维生素C又叫抗坏血酸，是一种水溶性维生素，普遍存在于蔬菜水果中，但容易因外在环境改变而遭到破坏，很容易流失。维生素C可以促进伤口愈合、增强机体抗病能力，对维护牙齿、骨骼、血管、肌肉的正常功能有重要作用。同时，维生素C还可以促进铁的吸收、改善贫血、提高免疫力、对抗应激等。

维生素C主要来源于新鲜蔬菜和水果，水果中以柑橘、草莓、猕猴桃、枣等含量居高；蔬菜中以西红柿、豆芽、白菜、青椒等含量较高。

7. 维生素 D

维生素D是婴幼儿不可缺少的一种重要维生素。它被称作阳光维生素，皮肤只要适度接受太阳光照射便不会缺乏维生素D。

维生素D主要存在于海鱼、动物肝脏、蛋黄和瘦肉中。另外鱼肝油、坚果和添加维生素D的营养强化食品中同样含有丰富的维生素D。维生素D的来源与其他营养素略有不同，除了食物来源之外，还可来源于自身的合成制造，这就需要多晒太阳，接受更多的紫外线照射。

8. 维生素 E

维生素E又名生育酚，是一种很强的抗氧化剂，具有改善血液循环、修复组织、保护视力、提高人体免疫力等功效。宝宝发育中的神经系统对维生素E很敏感，当其缺乏维生素E又得不到及时的补充治疗，很有可能引发神经方面的症状。

维生素E在食用油、水果、蔬菜及粮食中均存在。富含维生素 E 的食物有核桃、糙米、芝麻、蛋、牛奶、花生、黄豆、玉米、鸡肉、南瓜、西蓝花、杏、蜂蜜等。

9. 维生素 K

维生素K是脂溶性维生素，是促进血液正常凝固及骨骼生长的重要维生素，是形成凝血酶原不可缺的物质，有"止血功臣"的美誉。

维生素K可以让宝宝体内血液循环正常，对促进骨骼生长和血液正常凝固具有重要的作用。宝宝极易缺乏维生素K，合理的饮食可以帮助宝宝摄取维生素K，可以有效预防小儿慢性肠炎等疾病。

绿色植物性食物中维生素K含量丰富，动物肝脏、鱼类的含量也较高，而水果和谷物含量较少，肉类和乳制品含量中等。

膳食纤维

膳食纤维包含纤维素、半纤维素、果胶、树胶和胶浆。

食物中的膳食纤维来自植物性食物如水果、蔬菜、豆类、坚果和各种谷类，由于蔬菜和水果中的水分含量较高，因此所含纤维的量就较少。

因此膳食中膳食纤维的主要来源是谷物，全谷粒和麦麸等富含膳食纤维，而精加工的谷类食物则含量较少。食物中含量最多的是不可溶膳食纤维，它包括纤维素、木质素和一些半纤维素。谷物的麸皮、全谷粒和干豆类，干的蔬菜和坚果也是不可溶膳食纤维的好来源，可溶膳食纤维富含于燕麦、大麦、水果及一些豆类中。

矿物质

1. 钙

钙是构成人体骨骼和牙齿硬组织的主要元素，除了可以强化牙齿及骨骼外，还可维持肌肉神经的正常兴奋、调节细胞及毛细血管的通透性、强化神经系统的传导功能等。钙是人体的生命元素，在宝宝骨骼发育、大脑发育、牙齿发育等方面发挥了重要的作用。婴幼儿时期、学龄前期、学龄期到青少年期，是人体生长发育速度最快的阶段。

钙的来源很丰富，乳类有牛奶、羊奶、乳酪、酸奶等；豆类与豆制品有黄豆、豆腐等；海产品有鲫鱼、虾、虾皮、海带、海参等；肉类与禽蛋有猪肉、鸡肉、鸡蛋、鸭蛋等；蔬菜类有芹菜、油菜、黑木耳、蘑菇等；水果与干果类有苹果、葡萄干、花生、莲子等。

2. 铁

铁元素是构成人体必不可少的元素之一，其在人体内含量很少，主要和血液有关系，负责氧的运输和储存。铁元素是构成血红蛋白和肌红蛋白的元素。

食物中含铁丰富的有动物血制品、动物肝脏和瘦肉。绿叶蔬菜中含铁较多的有菠菜、芹菜、油菜、苋菜、荠菜、黄花菜、西红柿等。水果中以杏、桃、李、红枣、樱桃等含铁较多。干果中以葡萄干、核桃等含铁较多。

3. 锌

锌是人体必需的微量元素，对人体的许多正常生理功能的完成起着极为重要的作用。锌是一些酶的组成要素，参与人体多种酶活动，还参与核酸和蛋白质的合成，能促进细胞的分裂和生长，对宝宝的生长发育、免疫功能、视觉及性发育有重要的作用。

锌在核酸、蛋白质的生物合成中起着重要作用，还参与糖类和维生素A的代谢过程，能维持胰腺、性腺、脑下垂体、消化系统和皮肤的正常功能。缺锌会影响细胞代谢，妨碍生长激素的功能，导致宝宝生长发育缓慢，使其身高、体重均落后于同龄孩子，严重缺锌还会使脑细胞中的二十二碳六烯酸（DHA）和蛋白质合成发生障碍，影响宝宝智力发育。

锌的来源广泛，但食物中的锌含量差别很大，吸收利用率也有很大差异。贝壳类海产品、红色肉类、动物内脏都是锌的极好来源。植物性食物含锌量较低。

4. 硒

硒是维持人体正常生理功能的重要微量元素，它是谷胱甘肽过氧化物酶的重要组成成分，有滋润皮肤、调节免疫、抗氧化、排除体内重金属、预防基因突变的作用，被科学界和医学界称为"细胞保护神""天然解毒剂""抗癌之王"。

若宝宝缺乏硒，轻者易生病、厌食；重者抵抗力差、免疫力低下，影响宝宝发育。硒对于视觉器官的功能极为重要，支配眼球活动的肌肉收缩，瞳孔的扩大和缩小，都需硒的参与。硒能增强宝宝的智力和记忆力，促进大脑发育。

硒的良好来源是海洋食物和动物的肝、肾及肉类。谷类和其他种子的硒含量依赖它们生长土壤的硒含量。蔬菜和水果的含硒量甚微。

5. 钾

钾是人体内不可缺少的元素，是机体重要的电解质，其主要功能是维持酸碱平衡，参与能量代谢，维持神经肌肉的正常运动。钾可以调节细胞内的渗透压和体液的酸碱平衡，还参与细胞内糖和蛋白质的代谢。其有助于维持宝宝神经健康、心跳规律正常，可以协助肌肉正常收缩。人体钾缺乏会造成全身无力、易疲乏，还可能会引起烦躁、心跳不规律、肌肉衰弱，严重者还会引起呼吸肌麻痹死亡，导致心跳停止。

含钾丰富的水果有猕猴桃、香蕉、草莓、柑橘、葡萄、柚子、西瓜等，菠菜、山药、毛豆、苋菜、黄豆、绿豆、蚕豆、海带、紫菜、黄鱼、鸡肉、牛奶、玉米面等也含有一定量的钾。

6. 铜

铜是人体健康必需的微量元素，对血液、中枢神经和免疫系统，头发、皮肤和骨骼组织以及大脑和肝脏、心脏等内脏的发育有着重要的作用。在血液中，铜对铁的利用还有重要的作用，可以帮助铁吸收，促进血红素形成，提高活力。

铜为体内多种重要酶系的成分，能够促进铁的吸收和利用，预防贫血，还能维持中枢神经系统的功能，促进宝宝大脑发育。

铜广泛存在于各种食物中。牡蛎、贝类等海产品以及坚果类是铜的良好来源，其次是动物肝、肾组织，谷类胚芽部分，豆类等。

7. 碘

碘是人体必需的微量元素，有"智力元素"之称，具有促进分解代谢、能量转换、增加氧耗量、加强产热的作用，还能参与并调节体温，使机体保持正常新陈代谢的生命活动。

因此，碘缺乏可影响宝宝大脑发育，继而出现智力和体格发育障碍。人类大脑的发育90%是在婴幼儿期完成，这个时期碘和甲状腺激素，对脑细胞的发育和增生起着决定性的作用。

海洋生物含碘量很高，主要食物有海带、紫菜、淡菜、海水鱼、干贝、海蜇等。陆地食物中，蛋、奶含碘量相对较高，其次为肉类、淡水鱼等。

水

水是人体中含量最多的成分，新生儿总体水最多，约占体重的80%，婴幼儿次之，约占体重的70%。

水是细胞和体液的重要组成部分；水参与体内物质代谢，在新陈代谢过程中，人体内物质交换和化学反应都是在水中进行的；水参与体温调节，大量的水可吸收代谢过程中产生的能量，使体温不至显著升高，在高温下，体热可随着水分经皮肤蒸发散热，从而维持人体体温的恒定；水还起到润滑作用，在关节、胸腔、胃肠等部位，都存在一定量的水分，对器官、肌肉等能起到缓冲、润滑、保护的作用。

0~4个月：母乳喂养
为主，人工喂养辅助

母乳喂养

母乳是宝宝成长中最完美的口粮。母乳中含有丰富的营养元素，乳白蛋白可促进糖的合成，在胃中遇酸后形成的凝块小，利于消化。母乳中牛磺酸较多，其与胆汁酸结合，在消化过程中起重要作用，可维持细胞的稳定性。母乳中所含乳糖比例较高，对宝宝的大脑发育有促进作用，其中丰富的铜，对于保护宝宝的心血管有很大作用。宝宝生长期的糖类也主要从母乳中获得。母乳中不饱和脂肪酸含量较高，且易被人体吸收。母乳喂养可以增强宝宝的抵抗力，增进母婴之间的感情，也有利于宝宝日后情商的发展。

母乳喂养还可以促进子宫收缩，帮助子宫收缩到孕前大小，减少阴道出血，预防贫血。同时还能有效地消耗怀孕时期堆积的脂肪，可促进身材的恢复，并避免产后肥胖。哺乳期间排卵会暂停，也可以达到自然避孕的目的，有助于推迟再次妊娠的时间。

研究发现，宝宝出生后30分钟内吸吮反射最强烈，所以，此时即便没有乳汁，妈妈也要尝试给宝宝吮吸一下乳房。这不仅能加速催乳反射和排乳反射的建立，促进乳汁分泌，还有利于身体的恢复。

配方奶粉喂养

　　配方奶是婴幼儿配方乳粉的简称，它是一种专为没有母乳和缺乏母乳喂养的宝宝而研制的食品，是根据不同时期宝宝生长发育所需营养特点设计的产品。很多人觉得配方奶没有母乳好，实际上在没有母乳或母乳不能满足宝宝需要的情况下，配方奶是宝宝最好的选择。配方奶不但强化了宝宝生长所必需的维生素和微量元素，并且对脂肪、蛋白质和糖类的比例进行了调整，如果初产妈妈的奶水不够宝宝吃，配方奶就是最佳的营养补充来源了。在冲调配方奶时一定不要用开水。最适宜的温度是65℃左右的温开水，冲泡时一定要先加水，然后再放入奶粉，不然会影响奶粉的冲泡比例，使冲出来的奶粉浓度过高。

　　冲泡时，先让奶粉自然溶解，然后搅拌使其彻底溶解后便可以给宝宝喂食。冲调配方奶的时候，要严格按照说明书中的比例冲调，过浓或过稀都不好。一般在最初几周里，宝宝每天的进奶量大概等于体重的1/5。

　　如果在宝宝一次喝奶的时间里，剩余的配方奶超过了1小时还没喝完，那就不能再继续给宝宝喝了，应该倒掉。因为，剩下的奶可能已经被细菌污染，细菌可能会通过奶嘴进入配方奶里面。宝宝再次饮用就有可能造成腹泻等症状。购买配方奶粉要注意保质期，选择没有过保质期、生产日期距离目前最近的配方奶。同时还要检查其外包装是否有破损，如果有密封盖鼓起来，或者包装袋有裂口，空气就有可能进入，那么在运输中就极有可能进入杂质，继而损坏奶粉的品质。

混合喂养

母乳不足或不能按时给宝贝哺乳时，采用母乳喂养的同时也可使用代乳品来喂养宝宝。每日需加两次或两次以上的其他代乳品哺喂宝宝，称为混合喂养。混合喂养时，可以采取补授法和代授法。

❧补授法：指的是在喂完母乳后再补充其他乳品。其好处是可以避免宝宝在先吃了配方奶后，因为没有饥饿感、不愿意吸吮母乳而导致母乳分泌进一步减少，同时也有利于刺激母乳分泌，保证孩子能得到一定的母乳。

❧代授法：指的是用配方奶或其他乳品替代一次或数次母乳喂养。一般在母亲没有上班之前，我们不提倡经常采用这种喂养方法，因为这样会减少母乳的分泌。

混合喂养是母乳不足的情况下不得已而为之的选择，但要先喂母乳。因为哺乳会刺激母乳分泌。

另外，也不建议母乳和配方奶混在一起喂宝宝。因为配方奶的水温较高，会破坏母乳中含有的免疫物质，使其失去活性，或者失去营养价值。

🍮 宝宝餐食材推荐

配方奶粉

配方奶粉的营养与作用

核苷酸是母乳的天然成分，有利于婴幼儿的生长发育；ω-3的α-亚麻酸和ω-6的亚油酸被称为必需脂肪酸（EFA），是人类正常生长发育和维持健康必不可少的脂肪酸；DHA对大脑和视网膜发育起重要作用；AA对人体的生长发育有重要作用；BL—双歧杆菌，能增加肠道双歧杆菌的数量，提高分泌型IgA水平，增加机体抵抗力；乳铁蛋白，不仅能较好地补充铁质，增强造血功能，还能增强婴幼儿的抵抗力、免疫力。

安全选购配方奶粉

一看保质期	配方奶粉的包装袋或包装桶上，应印有生产日期和保质期。选择保质期内，生产日期离目前最近的配方奶粉。
二看配料表	目前市场上配方奶粉的成分大都是接近于母乳的，只是在个别成分和数量上有所不同。配方奶粉中的成分越接近母乳越好。
三观察宝宝的反应	奶粉只有适合宝宝的才是最好的，适合宝宝的奶粉是宝宝食用后没有便秘、腹泻、口气、皮疹等现象，眼屎少，体重和身高等指标正常增长，宝宝睡得香，食欲也正常。

白菜

别名	大白菜、黄芽菜、黄矮菜

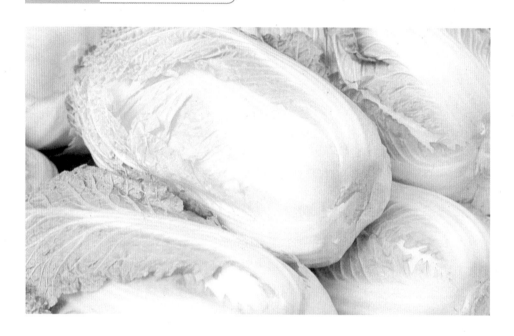

白菜的营养与作用

白菜中富含有维生素A原、维生素C，可促进宝宝发育和预防夜盲症。另外，白菜汁中含的硒有助于防治宝宝弱视，还可以促进造血功能。

白菜中所含的锌有促进婴幼儿生长发育的作用。白菜含有的其他微量元素如铜、锰、钼等都是人体所必需的微量元素，有助于宝宝的健康成长。

白菜的安全问题

白菜的营养价值高，但是在烹饪的时候可能会在不经意间就破坏了它的营养价值，因此需要注意以下几点。

在烹调白菜时，要先清洗再去处理，这样能避免大量的水溶性维生素的流失。

尽量用手撕开白菜，避免用刀整体切，按照蔬菜原有纹路撕开可以保持蔬菜原有的口感。

烹调白菜的方式不建议采用炖、煮的方式，这样会破坏其中的营养成分，建议采用醋溜、快炒和凉拌的方式，这样既可以保证口感又不会过多破坏营养价值。当然，宝宝在辅食阶段还是多采用煮的方式，在煮的过程中，妈妈们注意不要煮太久，保证白菜熟了即可。等宝宝长牙后便可以用其他烹饪方式了。

安全选购白菜

一看外表	优质的白菜要求菜叶新鲜、呈嫩绿色，菜帮洁白，包裹得较为紧密、结实、无病虫害。
二看黑点	在选购白菜的时候可以看一下里面的叶子，看有无黑点，要选择没有黑点的。
三看大小	如果没有分量的限制，建议挑选大个一点的，这种白菜可食用的叶茎比较多。
四掂轻重	差不多大小的白菜用手掂一掂，优质的会比较重，结实的白菜在烹调时口感会比较甘甜。

黄瓜

| 别名 | 胡瓜、青瓜 |

黄瓜的营养与作用

　　黄瓜是一种含糖分低的蔬菜，因为新生宝宝的味觉非常敏感，过早进食甜的食物会破坏宝宝的味蕾，并且加重肝、肾的负担，无糖的黄瓜无疑是宝宝在母乳期进食其他食物的首选。

　　黄瓜的维生素C含量比西瓜高5倍，并含有大量胶质，对提高宝宝自身的免疫力十分有帮助。黄瓜性凉，适合夏季食用，对宝宝湿疹的症状有一定缓解作用。

　　黄瓜尾部含有较多的苦味素，苦味素对于消化道炎症具有独特的功效，并可刺激消化液的分泌，产生大量消化酶，可以使宝宝胃口大开。苦味素不仅健胃，增加肠胃动力，帮助消化，有清肝利胆和安神的功效，还可以防止流感。所以等宝宝7个月以后，妈妈们在喂食宝宝黄瓜时，不要把"黄瓜头儿"全部丢掉。

黄瓜的安全问题

人们在挑选黄瓜的时候都喜欢"顶花带刺"的，这样的黄瓜看起来会新鲜一些，但是有些"顶花带刺"的黄瓜可能是涂抹了化学药品后起到的效果，因此需要格外注意。正常成熟的黄瓜顶花在生长或者采摘的过程中一部分会自然脱落，花顶收缩后会有"疤痕"，如果顶部有聚集的类圆形，这一种黄瓜极有可能涂抹了药剂，这一类黄瓜最好不要购买。

在购买黄瓜时最好去正规市场和商超，将药剂残留所带来的食品安全问题的发生率降到最低；为了预防农药残留对宝宝的伤害，黄瓜应先在盐水中泡15~20分钟再洗净生食。用盐水泡黄瓜时切勿掐头去根，要保持黄瓜的完整，以免营养素在泡的过程中从切面流失。

安全选购黄瓜

一看瓜刺	新鲜黄瓜表皮带刺，如果没有刺，说明生长、采摘时间过长，新鲜程度已经下降，以轻触瓜刺会掉为宜，瓜刺小而密的黄瓜口感比较好。
二看体形	黄瓜细长，粗细均匀的品质和口感较好；如果出现黄瓜肚大、尖头等情况则是发育不良，而尾部枯萎的则表明采摘时间过长。
三看颜色	新鲜的黄瓜呈深绿色，发绿发黑且口感相对较好，颜色浅绿的黄瓜口感相对差一些，但是有的颜色呈现出黄色或者近似黄色，表明黄瓜已经比较老了。
四看竖纹	口感较好的黄瓜一般表皮竖纹相对较突出，肉眼可观察到，用手可触及到，而表面光滑，无竖纹的口感相对来说差一些。

苹果

别名	奈子、林檎

苹果的营养与作用

苹果含有丰富的糖类、维生素C、胡萝卜素、果胶、单宁酸、有机酸以及钙、磷、铁、钾等营养物质，是喂养新生宝宝首选的水果。

苹果含有的粗纤维可使宝宝大便松软，排泄便利；有机酸可刺激肠壁，帮助宝宝调理肠胃、加速肠道蠕动，适合肠胃不佳的宝宝食用，苹果中的有机酸、维生素、矿物质等也具有增强淋巴系统功能的效果，所以，苹果对成长中的宝宝非常有益。

苹果中含有锌、镁元素，故常吃苹果能增强记忆力，对孩子还有促进发育的作用。

苹果含有的果胶还能促进胃肠中的铅、汞、锰的排出，调节机体血糖水平，预防血糖的骤升骤降，调节胆固醇。

苹果的安全问题

苹果表皮上的蜡分为两种，一种是苹果生长过程中形成的无害的蜡，这是一种脂类成分，是苹果的保护层，可以有效防止外界的微生物、农药等进入果肉里面，起到保护作用。食用时多加清洗，把表皮上残留的农药、微生物等洗净脱离即可。另一种是人为加上去的蜡，人为加上去的蜡则分为可食用蜡和非食用蜡。可食用蜡是一种壳聚糖

物质，这种物质本身对人身体无害处，可适量用于苹果的表面处理，用来防止苹果在长途运输、长时间储存中腐烂变质；而另一种是有害的工业蜡，是商家们为了节约成本，而又想追求苹果表面光滑、鲜亮所使用的，这种物质成分复杂，可能含有汞、铅等重金属，过量摄入会对身体造成伤害，因此，购买时要注意。

安全选购苹果

一看形状	挑选形状比较圆的，不要选择奇形怪状的，这样的苹果口感不好，不宜选购。
二看颜色	苹果颜色是红中带黄色的，这样才是成熟的。
三摸外皮	苹果的表皮有点粗糙，不是非常光滑鲜亮，这样的苹果有可能是打蜡的；还要注意不要选表皮有磕碰、有斑点的苹果，这样的苹果腐烂得快，不能存放。

健康宝宝餐这样做

白菜汁

原料 白菜200克

做法

①将锅置于火上，倒入适量清水烧开。

②放入洗净的白菜略煮，取出后切成小块。

③将白菜块放入榨汁机中，盖好盖子。

④选择"榨汁"功能，榨取白菜汁。

⑤榨好汁后，用消毒纱布过滤，倒入杯中即可。

黄瓜汁

原料 黄瓜1根

做法

① 将黄瓜洗净，切成小段。

② 将黄瓜段放入榨汁机中。

③往榨汁机中加入适量温开水，盖好盖子。

④选择"榨汁"功能，榨取黄瓜汁，倒出滤取黄瓜汁即可。

苹果汁

原料 苹果1个

做法

①将苹果洗干净后切成两半，去掉皮、核。

②将苹果切成小块，放入榨汁机中，盖上盖子。

③选择"榨汁"功能，榨汁。

④榨出的汁用消毒纱布过滤后，用1倍温开水冲调即可。

Part

3

5～6个月：
给宝宝添加辅食

给宝宝
添加辅食的重要性

有不少家长认为，为宝宝添加辅食是为了给宝宝补充营养。其实添加辅食除了补充母乳或配方奶的营养不足，还有助于训练宝宝的咀嚼和吞咽能力，学习成人的饮食方式。

随着月龄的增加，宝宝渐渐地能将吸和吞的动作分开，开始有意识地张开嘴巴接受食物了。当妈妈给宝宝喂辅食时，由于一直习惯于吸乳汁，宝宝会将食物放在舌头上，并用舌头将食物移动到口腔后部，进行上下方向的咀嚼运动，还可将半固体食物吞咽下去。

宝宝对食物的微小变化已很敏感，能区别酸、甜、苦等不同的味道。这一时期是味觉发育的关键期，所以家长要好好引导，以免宝宝养成不好的饮食习惯。宝宝消化系统已比较成熟，能够开始消化一些淀粉类、泥糊状食物了。

6个月大时，有些宝宝已经开始长乳牙了，可以慢慢接触固体食物了。

这期间，妈妈可以根据宝宝吃的能力，添加一些米粉、米糊等淀粉类辅食，也可适当添加泥糊状食物，如婴儿米粉、蔬菜泥、水果泥等。

添加辅食的
三大板块

信号

随着宝宝一天天长大，母乳已经无法满足宝宝对营养的需求了。当宝宝出现以下这些情况时，就是他在向你传达"我要吃辅食"的信号，妈妈要开始考虑给宝宝添加辅食了。

1. 体重明显增加

宝宝的体重达到出生时的2倍，至少6千克。只有宝宝的体重达到这样的增长标准，才需要考虑给宝宝做辅食添加的准备。

2. 颈部开始变得有力

宝宝能够控制头部的转动及保持上半身平衡，可以在有支撑的情况下坐直身体，并能通过前倾、后仰、摇头等简单动作表达想吃或不想吃的意愿。

即使每天吃8~10次的母乳或配方奶，宝宝看起来仍然还是很饿的样子，有时还会无缘无故地哭闹；睡眠时间也变得越来越短；又或者宝宝之前睡觉都很安稳，现在却经常把你从梦中叫醒，半夜总少不了哭闹几回。

3. 开始学会咀嚼了

宝宝的口腔和舌头与消化系统是同步发育的。当宝宝很喜欢把一些东西放进嘴里，或是通过上下颌的张合来进行咀嚼等活动时，意味着宝宝要开始吃辅食了。

4. 伸舌反射消失

　　妈妈在刚给宝宝喂辅食时，会发现宝宝总是把喂进嘴里的食物吐出来，而认为宝宝不爱吃。其实宝宝这种伸舌头的举动是一种本能的自我保护行为，也叫作"伸舌反射"。当这种反射消失的时候，就说明给宝宝添加辅食的时机到来了。

5. 对吃东西感到好奇

　　宝宝对大人吃的食物开始感到好奇，喜欢盯着大人碗里的米饭看，可能还会来抓勺子、抢筷子，或是在大人把菜从盘子里夹起的时候伸手去抓。如果妈妈把食物放进宝宝嘴里，宝宝会试着吞咽下去，并表现出愉快的举动，如拍手、大笑等，这说明宝宝开始对吃饭产生浓浓的兴趣了；但若是宝宝将食物吐出来，把头转开或使劲儿来推你的手，则表示宝宝现在不想吃，可以隔几天再试试。不能一味地给宝宝硬塞、强喂辅食，这样不仅妈妈会产生很大的挫折感，宝宝也会不开心。

方法

1. 辅食添加从婴儿营养米粉开始

　　婴儿米粉所含的营养成分非常丰富，它是以谷物为原料，以蔬果、肉蛋类等为配料，加入钙、磷、铁等矿物质及维生素等加工制作而成的，专为婴幼儿设计的均衡营养食品。婴幼儿米粉为宝宝提供了生长必需的多种营养素，有的还特别添加了益生元或益生菌，有利于宝宝的成长，且发生过敏的概率也很低，是妈妈为宝宝初次添加辅食的首选食物。

　　由于婴儿米粉已经过热加工熟化，因此给宝宝食用时只需用温开水冲调即可。妈妈可以根据宝宝的实际情况，自由调节米粉的冲调浓淡。另外，考虑到辅食添加初期宝宝食用的量较少，吃完辅食后，宝宝可能还没吃饱，妈妈可接着再给宝宝喂一些母乳或奶粉。

2. 辅食添加从细到粗

辅食的添加应从细到粗逐渐过渡，不能在添加初期就尝试给宝宝喂食米粥或肉末等食物。因为无论是宝宝的喉咙还是肠胃，都无法耐受这些大颗粒的食物，宝宝也很有可能会由于吞咽困难而对辅食产生恐惧心理。

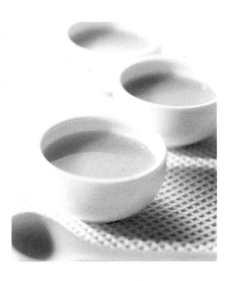

添加绿叶蔬菜时，应按照菜汤→菜泥→碎菜末，这样的顺序来进行添加；添加固体食物时，妈妈可先将食物捣烂，做成泥状，如菜泥、果泥、蒸蛋羹、鸡肉泥等，待宝宝适应后，再做成碎末状或糜状，之后再做成丁块状。

3. 辅食添加从少到多

每次给宝宝添加新的食物时，宝宝可能会不太适应，因此在添加的时候，为了让宝宝顺利度过这个过程，妈妈可从食物的量上慢慢过渡。刚开始不要给宝宝喂太多，可先喂一两勺，观察宝宝是否出现不舒服反应，然后再慢慢增加到三四勺、小半碗，甚至更多。

4. 辅食添加从稀到稠

辅食添加初期应给宝宝喂食一些容易消化的、水分较多的流质食物，如汤类等，然后从半流质食物过渡到各种泥状食物，最后再添加软饭、小块的菜、水果及肉等半固体或固体食物。

5. 辅食添加从一种到多种

初期添加辅食的种类切不可过多，妈妈要按照宝宝的营养需求和消化能力逐渐增加食物的种类，等宝宝习惯一种后再添加另外一种。若一次添加太多种类，易引起不良反应。

6. 辅食添加的食材顺序

给宝宝添加辅食，顺序的掌握很重要。妈妈千万不能在刚开始添加的时候，就给宝宝吃鸡鸭鱼肉等不易消化的食物。要记得先谷类、果蔬后鱼、肉的辅食添加顺序。

添加辅食最好选在妈妈给宝宝喂奶前，因为宝宝饥饿时更容易接受辅食。

在宝宝生病或天气炎热的夏天，可暂缓添加辅食，以免引起宝宝胃肠消化功能紊乱。

7. 根据宝宝的健康和消化能力添加

婴幼儿期的宝宝生长发育快，但同时他们身体的各个器官还未成熟，消化功能也较弱，如果辅食添加不合适，宝宝就会出现消化不良甚至过敏的反应。因此，妈妈在给宝宝喂辅食时，要特别留心宝宝的健康状况和消化能力，要在宝宝身体健康、消化功能正常的前提下开始添加辅食。

如果宝宝生病或是对某种食物不消化，则应暂停添加或更换食物。每次在添加了新的食物后，还应注意观察宝宝的便便情况和皮肤是否过敏，如果出现腹泻、呕吐、皮肤发红或出疹等症状，就要立即停止喂食该种食物，情况严重的还应带宝宝及时就医。

辅食喂养技巧

● 选择大小合适、质地较软的勺子。

● 轻轻地平伸，放到宝宝的舌尖上。不要让勺子进入宝宝口腔的后部或用勺子压住宝宝的舌头，否则会引起宝宝的反感。

● 开始时只在勺子的前面装少许食物。如果宝宝将食物吐出来，妈妈就将食物擦掉，然后再将勺子放在宝宝的上下唇之间，让他接着吃。

● 在给宝宝添加辅食的时候，还应注意观察宝宝的反应。如果宝宝很饿，看到食物就会手舞足蹈。相反，如果宝宝不饿，则会将头转开或是闭上眼睛，遇到这种情况，爸爸妈妈一定不要强迫宝宝进食，因为如果宝宝在接受辅食的时候心理受挫，就会给他日后接受辅食带来极大的负面影响。

误区

1. 添加辅食后，就意味着给宝宝断奶

　　有些妈妈可能会认为，添加辅食后，就可以替代母乳给宝宝喂食了。然而辅食之所以被称为辅食，正是因为它是辅助母乳的一种食物，是无法取代母乳的。

　　宝宝在一岁前，母乳仍然是食物和营养的主要来源，而非辅食。因此，在给宝宝添加辅食的同时，还应保证宝宝每天的母乳摄取量。

2. 把蛋黄作为宝宝的第一种辅食

　　很多妈妈会习惯把鸡蛋黄作为宝宝尝试的第一种辅食，虽然鸡蛋在宝宝的生长发育过程中功不可没，但过早地给宝宝添加蛋黄却是不妥的一件事。特别是5～6个月的宝宝，肠胃还很虚弱，过早摄入蛋黄易引起消化不良，甚至还会引起过敏。

　　一般情况下，妈妈应将添加蛋黄的时间推迟到8个月后，对于出现蛋黄过敏反应的宝宝，应停止食用蛋黄，至少6个月后才能尝试再次添加。

3. 认为营养在汤里，光喝汤就行

　　有的妈妈认为煲汤可以给宝宝提供最好的营养，因此只给宝宝喝菜汤、肉汤、鱼汤，甚至用汤来泡饭。殊不知，汤里的营养只有5%～10%，更多的营养其实都在肉里，无论怎样煮，汤的营养也远不如食物本身所含的营养多。更何况宝宝的胃容量本来就不大，光喝汤喝入的大量水分就占据了大部分的胃容量，这样会影响到其他食物的正常摄入，长此以往对宝宝的成长没有任何帮助。

4. 只给宝宝吃米粉，不吃五谷杂粮

　　有些妈妈只给宝宝吃米粉，认为米粉中的营养成分已经很全面了。但是，米粉由精制的大米制成，大米在精制过程中，主要的营养成分已随外皮被剥离，最后剩下的只有淀粉。婴儿米粉中的营养大多是在后期加工中添加进去的，吸收效果肯定不如天然状态的营养好。时间长了，还会导致宝宝维生素B_1的缺乏；而维生素B_1在五谷杂粮中含量最高。所以，妈妈不能只给宝宝吃米粉，适当地吃一些五谷杂粮也是很有必要的。妈妈可以将燕麦、小米、玉米等熬成糊给宝宝食用。

❧ 宝宝餐食材推荐

营养米粉

别名	婴幼儿配方谷粉、婴幼儿米粉

营养米粉的营养与作用

　　营养米粉是宝贝最初添加的辅食，在添加辅食的初期，可以给宝宝成长发育提供必需的营养成分，帮助宝宝由纯流质食品到半固体（泥糊类）食品的顺利过渡。婴幼儿6~8个月后是锻炼咀嚼能力的关键期，需要摄入颗粒逐渐大、硬度稍增加的食物（比如营养米粉等食物），并通过咀嚼使唾液分泌显著增加，淀粉酶活性得以激活，这不仅有益于宝宝对食物的消化和吸收，也有助于宝宝将来更容易适应不同的食物。

对于妈妈，尤其是新手妈妈来说，一款好的合格且优质的米粉绝对是开始宝宝辅食喂养第一步的关键。

营养米粉的安全问题

婴幼儿的生长期是非常特殊的时期，在此期间，婴幼儿的生长发育需要大量营养物质，是一般食品所不能提供的，因此，需要某些营养物质齐全、含量又充足的食品供之食用。如不能提供营养丰富的食品，将导致婴幼儿营养不良、生长缓慢。智力发育和身体健康均会受到影响。为确保婴幼儿米粉的营养性，严格规定了各种营养物质含量，如蛋白质不小于5%，糖类不小于60%，维生素B_1、B_2均不小于200ug/100g，烟酸不小于3000ug/100g，钙不小于300mg/100g，磷不小于225mg/100g，铁不小于6mg/100g，锌不小于2.5mg/100g等。对于婴幼儿断奶期补充食品的指标要求甚至更多更严。因此，妈妈们在选购婴儿营养米粉的时候尽量选择规模较大、产品质量和服务质量较好的品牌企业的产品。

安全选购营养米粉

一看标签	按国家标准规定，在外包装上必须标明厂名、厂址、生产日期、保质期、执行标准、商标、净含量、配料表、营养成分表及食用方法等内容，若缺少上述任何一项最好都不要购买，这是保证产品质量的基本条件。
二看营养成分	看营养成分表中标明的营养成分是否齐全，含量是否合理：营养成分表中一般要标明热量、蛋白质、脂肪、糖类等基本营养成分以及其他营养物质。
三看色泽、气味	质量好的米粉应是大米的白色，均匀一致。有米粉的香味，无其他气味，如香精味等。
四看适用月龄	要选择与宝宝月龄相适应的品种。对于宝宝有特殊要求，如对乳糖过敏或对牛奶蛋白过敏的，妈妈在选购时还应特别留意配料表中是否含有致过敏的成分。

小米

别名	粟米、谷子、黏米

小米的营养与作用

小米富含维生素B$_1$、维生素B$_2$等，能防止宝宝出现消化不良、反胃及呕吐。小米还含有丰富的蛋白质、脂肪、钙、铁等营养成分，素有"健脑主食"之称，能帮助提高宝宝的智商。

小米的安全问题

小米最主要的安全问题是染色，如果宝宝吃了被染色的小米，那么将会对宝宝的成长造成威胁，妈妈们在进行选购的时候一定要选择真空包装、食品标签标注齐全的小米，才能避免染色的情况；鉴别染色小米还可以用水泡小米，真正的小米用水泡之后，水颜色不黄，染色之后的小米，清洗之后水颜色会明显变黄。

安全选购小米

一看色泽	新鲜的小米色泽鲜亮有光泽，并且颜色均匀，呈金黄色。
二用手捻	感觉有油性，并且有一定的湿润度，则表示是新鲜的。
三闻气味	优质的小米闻起来会有一股淡淡的清香味，而不是其他异味。
四尝味道	尝一粒小米，味道微甜，无任何异味，即是比较优质的小米。

大米

别名	稻米

大米的营养与作用

大米主要是给宝宝补充适量的糖类、矿物质以及少量的维生素、食物粗纤维。另外，大米具有补脾、健胃等功效。

大米中的氨基酸的组成比较完全，蛋白质主要是米精蛋白，这种蛋白更易于宝宝消化吸收。

大米的安全问题

大米的安全涉及到一个黄曲霉毒素的问题。黄曲霉毒素是一种毒性较强的剧毒物质，在谷物类、花生中污染的情况比较多。建议妈妈们在超市选购大米时不要选择散装的大米，这是因为散装的大米长时间暴露在空气中，很多营养成分被氧化，使得营养价值降低；其次，超市的温度会加大散装米中黄曲霉毒素污染的概率。

另外涉及到的一个食品安全问题就是"香精大米"。香米是一种具有特殊芳香的稻米，价格相对较高一些，所以就引来一些不法商贩用香精将普通的大米熏成香米进行售卖，获取利益。在选购这一类稻米时，我们需要看品牌、看标签上的产地、看一些认证标志，尽量选择大品牌产品，这样才比较安全。

安全选购大米

一看腹白	大米的腹部会有一个不透明的白斑，这个斑点越小，表示其中的水分越低，成熟度越好。斑点越大，则含水量越高，生长不太成熟。
二看硬度	大米的硬度越高，则说明蛋白质的含量越高，煮出来的米饭就越有嚼劲。一般情况下，新米的硬度比陈米大，水分少的米比水分高的米硬，晚熟籼（粳）米比早熟的籼（粳）米硬。
三看爆腰	爆腰是由于大米在干燥的过程中发生急热现象后，米粒内外的平衡被打破造成的。这种米煮熟后会发生外熟里生的情况，营养价值也有所损失。所以，选购的时候不要选择这种米粒出现一条或更多条纹的大米。
四看新陈	上面也提到新米的硬度大，还有就是新米的颜色会比较鲜亮、通透，而陈米的颜色较黄，比较灰暗。用手抓一把，还会有很多碎屑。
五闻气味	优质的大米会有正常的米香味，时间久一点的米会有一股霉味或其他刺鼻的味道。

红枣

| 别名 | 大枣 |

红枣的营养与作用

红枣富含铁和钙，对于正需要补钙的宝宝是佳品，红枣还可以抗过敏、益智健脑、增强食欲，有增强宝宝免疫力的功效。

红枣富含多种维生素，尤其是维生素C的含量很高，几乎是众多水果之中的冠军，是天然的维生素补充剂。红枣还含有环磷酸腺苷，能扩张冠状动脉，增强心肌的收缩力，对呵护宝宝的心脏很有帮助。

红枣的安全问题

红枣的安全问题主要担心是被熏染的，所以在选购的时候，要挑选大品牌，有包装的。如果是散装的，看看外观颜色是不是特别鲜亮，闻闻看有没有其他刺鼻的味道，如果有，则不宜选购。

品尝红枣的味道如果很甜并有后苦味，则不宜选购，这可能被糖精钠泡过，不是真正的甜味，对宝宝的健康有害。

安全选购红枣

一看颜色	好的红枣是紫红色的，质量稍差一点的红枣多数偏深红色。
二看大小	选择红枣不是个头越大越好，要看红枣的饱满程度，如果红枣很大，但是干瘪，则不宜选购。
三看果肉	果肉的颜色淡黄色、细致紧实，品尝一口甜糯，则是好枣。如果口感有点苦涩，且感觉粗糙不细腻，则不是好枣。

白萝卜

| 别名 | 菜菔、罗菔 |

白萝卜的营养与作用

　　白萝卜含有丰富的维生素C和微量元素锌，有助于增强宝宝机体的免疫功能，提高抗病能力；白萝卜中的芥子油能促进胃肠蠕动，增强食欲，帮助宝宝消化；白萝卜含有的淀粉酶和粗纤维，具润肠通便、清除燥热的功效，是宝宝祛燥润肺的营养蔬菜。

　　妈妈们需要注意的是，白萝卜性凉，所以即使它好处多多，每次喂养量也不宜过多，否则宝宝会肠胃不适而腹泻。

白萝卜的安全问题

　　白萝卜的尾段有较多的生粉酶和芥子油，有些辛辣味，可帮助消化，增进食欲，可用来腌拌。若削皮生吃，是糖尿病患者用以代替水果的首选，但是宝宝的肠胃还没有发育完善，不易消化吸收，所以要先煮过才可以给宝宝食用。

安全选购白萝卜

一看外形	品质较好的白萝卜应是个体大小匀称，外形圆润的。
二看萝卜缨	新鲜的白萝卜萝卜缨新鲜，呈绿色，无黄叶、烂叶，若萝卜缨已经萎蔫，表明白萝卜放置时间较长，新鲜程度下降；如果根部生长出许多小须，说明放置时间较长，口感会下降。
三看表皮	白萝卜外皮应光滑，皮色较白嫩，若皮上有黑斑，或者有透明斑痕，表明生长周期或放置时间较长，新鲜程度下降，已经变老。同时应看外表有无开裂或分叉，此类白萝卜的品质稍差且不易储存。
四看大小、掂重量	挑选白萝卜时不易挑选过大的萝卜，中小型为好，这种白萝卜肉质比较紧密，口感相对硕大的白萝卜来说要好一些。同样大小的白萝卜应选择较重的，分量足的。

胡萝卜

别 名	红萝卜、金笋、丁香萝卜

胡萝卜的营养与作用

胡萝卜富含的β-胡萝卜素在体内可转化成维生素A。维生素A可促进上皮组织生长，增强视网膜的感光力，可以保护眼睛，润泽肌肤，有利于婴儿的牙齿和骨骼发育，是婴幼儿必不可少的营养素。需要妈妈们注意的是烹调胡萝卜时，不要加醋，以免胡萝卜素损失。

胡萝卜的安全问题

胡萝卜虽好，但不要过量食用，大量摄入胡萝卜素会令皮肤的色素产生变化，变成橙黄色。如果给宝宝吃得过多，容易使皮肤变黄。

妈妈们在存放胡萝卜时要注意先洗净，去掉顶端绿色部分，放置冰箱冷藏室保鲜，尽量远离苹果等会释放乙烯的蔬果。

安全选购胡萝卜

一看外表	在挑选胡萝卜的时候要仔细观察胡萝卜是否有裂口、斑点、虫眼或者疤痕，不要购买这一类的胡萝卜，应购买外皮光滑，色泽鲜亮的。
二看大小	在挑选胡萝卜的时候，太大的可能生长时间过长，太小的的可能成熟度不高，在挑选时选择适中的就可以了；同样大小的选择分量重的，相对轻一些的可能会有空心的现象出现。
三看颜色	新鲜胡萝卜的颜色大多呈现橘黄色，光泽度比较好，颜色较为自然。
四看叶子	新鲜胡萝卜的叶子大多连在一起，颜色呈鲜绿色，比较清脆；如果叶子发软，有黄叶、烂叶，说明胡萝卜不太新鲜，放置时间过长。

土豆

| 别名 | 山药蛋、洋番薯、洋芋、马铃薯 |

土豆的营养与作用

　　土豆中含有丰富的B族维生素及其他微量元素，有很好的美白、滋润肌肤的作用，宝宝吃土豆，皮肤会更水润。

　　土豆中含有的维生素C，可以调节人的情绪，促进宝宝身心愉悦，妈妈们可以给常常哭闹的宝宝食用适量土豆，很有帮助。

　　土豆含淀粉，容易填饱肚子，而脂肪含量低，因此多吃土豆，可以减少脂肪的摄入，不用担心宝宝因脂肪过多而发胖。

土豆的安全问题

土豆皮含有一种叫生物碱的有毒物质，人体摄入大量的生物碱，会引起中毒、恶心、腹泻等反应。因此，食用时一定要去皮，特别是要削净已变绿的皮。此外，如果是少许发芽但是未变质的土豆，可以将发芽的芽眼彻底挖去，将皮肉青紫的部分削去。去皮后浸水30~60分钟，使残余毒素溶于水中；烹调时也可以加食醋，充分煮熟再吃，高温和醋能加速龙葵素的分解，使之变为无毒。

土豆中毒一般发生在春季及夏初季节，这时的天气潮湿温暖，对土豆的保存不当，就会引起发芽。在保存土豆时，把土豆放在低温、无阳光直射的地方，可以防止发芽。而发芽过多或皮肉大部分变色的土豆是万万不能吃的。

安全选购土豆

一看外形	选择没有破皮、圆形的土豆，且越圆越好削。劣质土豆小而形状不规则，有损伤或虫蛀孔洞、萎蔫变软、发芽或变绿、有腐烂气味的土豆都不宜购买。
二看颜色	土豆表面若有黑色类似瘀青的部分，其里面多半是坏的。冻伤或腐烂的土豆，肉色会变成灰色或呈黑斑，水分收缩。
三看质地	起皮的土豆又粉又甜，适合蒸、炖。表皮光滑的土豆比较结实、脆，适合炒丝。

南瓜

别名	麦瓜、番瓜、倭瓜、金冬瓜

南瓜的营养与作用

南瓜富含的锌，是人体生长发育所需的重要物质，因此，婴幼儿多吃南瓜，可以促进生长发育。

南瓜中富含的胡萝卜素，能有效保护视力，促进骨骼发育，维护皮肤健康。南瓜的皮含有丰富的胡萝卜素和维生素，所以最好连皮一起食用，如果皮较硬，就用刀将硬的部分削去再食用。在烹调的时候，南瓜心含有相当于果肉5倍的胡萝卜素，所以尽量要全部加以利用。

南瓜中的甘露醇则具有通便功效，所含果胶可减缓糖类的吸收，保护胃部，帮助消化。适合宝宝食用。

南瓜含有的B族维生素具有强化口腔黏膜组织的功效，当宝宝口腔发炎、久久无法痊愈时，不妨多补充B族维生素，可有效改善症状。

南瓜的安全问题

　　妈妈们会发现，有时候买回去的南瓜内可能会出现长芽的现象，这样的南瓜是不是会威胁到宝宝的饮食安全问题呢？

　　由于南瓜本身就是有水分的，一旦有空气进入内部，周围达到一定的温度，种子便有了生长的条件，这样南瓜内部就有了发芽的现象。这一类南瓜如果表面没有腐烂，食用之前去掉种子发芽的部分，剩余部分仍可食用，只是口感、味道和营养价值都会不同程度的有所下降。所以还是建议大家最好是食用新鲜的南瓜，已经发芽的应该尽量少食用或不食用。

安全选购南瓜

一看外观	购买时应选择外观完整，果肉呈金黄色，同体积重量较重并且没有损伤和虫蛀的南瓜。
二看瓜梗	新鲜较嫩的南瓜一般没有太浓的味道，但是较老的南瓜有一股特殊的香气，在挑选时最好选择带瓜梗的南瓜，这样的瓜说明摘下的时间短，易保存。
三听声音	将南瓜托于手上，如果声音听起来闷闷的，说明南瓜内部结构较为紧实，这样的南瓜品质和成熟度都较好。
四选老嫩	对于南瓜来说可谓是老嫩皆宜，较嫩的南瓜表皮泛青，水分较多，果肉薄而脆，这样的南瓜适合做菜使用；相对老一些的南瓜表皮没有太多光泽，比较糙，瓜皮较厚、瓜肉较多，这一类的南瓜适合蒸煮食用，味道较好。

香蕉

别名	蕉果

香蕉的营养与作用

香蕉中含有维生素A原，给宝宝吃香蕉，可以增强宝宝对疾病的抵抗力，使宝宝少生病，同时对眼睛也有保护作用，可维持正常的视力。

香蕉中含有丰富的钾和镁，可以补充宝宝对矿物质的需求，还有消除疲劳的作用。同时，香蕉中含有的泛酸等成分是人体的"开心激素"，有调节情绪，使人放松的作用，睡前吃香蕉，还有助于睡眠。

香蕉中还含有丰富的磷，磷是大脑组织细胞组成不可缺少的成分，同时在大脑活动中也起重要作用，因此给宝宝吃香蕉还有健脑益智的作用。

香蕉还有促进胃肠蠕动、清热解毒的功效，是便秘宝宝的最佳食物。

香蕉的安全问题

　　妈妈们需要注意的是不宜给空腹的宝宝喂香蕉吃，不利于宝宝的健康。

　　此外，刚买回家的香蕉，香蕉皮变黑了还能不能食用？

　　香蕉皮变黑是香蕉炭疽病的表现，其病原菌并不会对人体产生什么作用，只是香蕉成熟时的一种表现。香蕉没有成熟时，其含有大量的鞣酸，容易导致便秘，而成熟后的鞣酸含量大大降低，此时香蕉的口感和营养最佳，也有润肠的作用。香蕉成熟后宜立即食用，当香蕉果肉出现发黑、腐烂等现象时则不宜食用。

安全选购香蕉

一看香蕉颜色	挑选香蕉时，要选择颜色纯黄色的，时间越长，香蕉颜色越暗，而且会有黑色斑点，口感变差。
二看蕉把颜色	蕉把颜色略微带点青色，这样的香蕉才是比较新鲜的。蕉把越黑说明采摘的时间越久，不宜选购。
三看长短、掂重量	香蕉宜选择长短适中、重量中等的，香蕉生长时长过头，反而没有香蕉味了。大小适中的香蕉口感才会比较甜。

雪梨

别名	沙梨、白梨

雪梨的营养与作用

雪梨富含糖类、纤维素、钙、钾等营养物质，有助于补充宝宝体内的微量元素；雪梨中还含苹果酸、柠檬酸、维生素B_1、胡萝卜素等营养物质，具有生津润燥、清热化痰的功效。

安全选购雪梨

一看底部深浅	底部较深的梨汁水多，口感好，宜选购。底部较浅的梨，汁少干涩，口感差，不宜购买。
二看形状	梨形规则成圆形的，梨肉质地细嫩，汁水丰盈，味道也比较甜。若形状不规则，则果肉分布不均，吃起来口感很差，汁水较少，有苦涩味。
三看皮的厚薄度	尽量选择皮薄的梨，这样的梨口感比较好，水分比较足。梨皮太厚，果肉粗糙，汁水少，口感较差。

❧ 健康宝宝餐这样做

白萝卜汁

原料　白萝卜1/4个
做法
①将白萝卜洗干净，然后去掉皮，切成片。
②锅中放入适量清水大火烧开，待用。
③将切片的白萝卜放入开水中煮10～15分钟。
④放凉后取汤汁喝，现饮现煮。

大米汤

原料　大米200克
做法
①大米用清水淘洗2～3次，洗净，待用。
②将大米放到锅里，再加入适量清水。
③先用大火将水烧开，再改成小火煮20分钟左右。
④取上层的米汤喂给宝宝即可。

小米汤

原料　小米60克
做法
①将小米用清水淘洗干净。
②将小米放入锅中，再加入适量清水。
③先用大火将水烧开，再改成小火将小米粥煮成10倍稠粥。
④按需取津汤喂宝宝食用。

胡萝卜泥

原料　胡萝卜130克
做法
①将胡萝卜洗净去皮，切成片状或小块状，待用。
②将切好的胡萝卜放入备好的蒸锅中蒸软。
③取出胡萝卜，压成泥即可。

香蕉糊

原料　香蕉1根，牛奶适量
做法
①香蕉剥皮，用小勺把香蕉捣碎，研成泥状。
②把捣好的香蕉泥放入小锅里，加1杯牛奶，调匀。
③用小火煮2分钟左右，边煮边搅拌。

南瓜米糊

原料　大米60克，南瓜100克
做法
①大米洗净，南瓜洗净切成丁，待用。
②将大米、南瓜倒入豆浆机，加入清水至上下水位刻度之间。
③按下"五谷豆浆"键，打磨完成后，无须过滤，倒入杯中，即可饮用。

土豆苹果糊

原料　土豆20克，苹果1个
做法
①将土豆和苹果去皮。
②土豆蒸熟后捣成土豆泥；苹果用搅拌机搅碎成泥状。
③将土豆泥倒入水中煮开。
④在苹果泥中加入适量水，用另外的锅煮；煮至稀粥样时关火，将苹果糊倒在土豆泥上即可。

红枣枸杞米糊

原料　大米50克，红枣20克，枸杞10克
做法
①红枣洗净去核后切丁；大米加清水浸泡2小时；枸杞洗净用清水泡发。
②将红枣、枸杞、大米一起放入搅拌机中，加入适量清水打成糊状。
③将打好的混合米糊放入汤锅中煮开即可。

Part

4

7~9个月：给长牙齿
宝宝吃细嚼型辅食

宝宝
长牙齿了

　　有些宝宝在5个月的时候就开始长乳牙了，也有些宝宝到6个月以后才开始长乳牙，在出牙之前，宝宝吃奶靠牙床含住母亲的乳头。出牙是牙齿发育和宝宝生长发育过程中的一个重要阶段，正常情况下，营养好、身高较高、体重较重的宝宝比营养差、身高较矮、体重偏轻的宝宝出牙早一些。宝宝出牙的顺序通常是先长出下门牙，然后长出上门牙，多数宝宝1岁时已长出8颗乳牙，上下分别4颗。

给宝宝按摩牙床

　　宝宝出牙时一般无特别不适，但是有的宝宝会因为烦躁不安而不啃咬东西。此时，家长可以将自己的手指洗干净，帮宝宝按摩牙床，刚开始按摩时，宝宝会因为摩擦的疼痛而排斥，不过当宝宝发现按摩使疼痛减轻了之后，很快会安静下来，并愿意让爸爸妈妈用手指帮他们按摩，有些宝宝还会主动抓住父母的手指咬住。

　　个别宝宝在出牙期间可能还会出现突然哭闹不安，咬母亲乳头，咬手指或用手在将要出牙的部位乱抓乱划，口水增多等症状，这可能与牙龈轻度发炎有关。此

时，母亲要耐心护理，分散宝宝的注意力，不要让他用手或筷子去抓划牙龈。若宝宝自己咬破或抓破牙龈，可在牙龈上涂少量龙胆紫药水，一般不需服药。

宝宝出牙期间易出现腹泻等消化道症状，这可能是出牙的反应，也可能是抗拒某种辅食的表现，可以先暂停添加，观察一段时间就可知道原因。

纠正宝宝出牙期的不良习惯

在宝宝出牙期间，许多不良的口腔习惯会影响到牙齿的正常排列和上下颌骨的正常发育，从而严重影响宝宝面部的美观。因此在宝宝出牙期间，父母应该注意纠正宝宝的这些不良习惯。

❧咬物：一些宝宝在玩耍时，爱咬物体，如袖口、衣角、手帕等，这样在经常用来咬物的牙弓位置上易形成局部小开牙畸形（即上下牙之间不能咬合，中间留有空隙）。

❧偏侧咀嚼：一些宝宝在咀嚼食物时，常常固定在一侧，这种一侧偏用一侧废用的习惯形成后，易造成单侧咀嚼肌肥大，而废用侧因缺乏咀嚼功能刺激，使局部肌肉发育受阻，从而使面部两侧发育不对称，造成偏脸或歪脸现象。

❧吮指：宝宝一般从3~4个月开始，常有吮指习惯，一般在2岁左右逐渐消失。由于手指经常被含在上下牙弓之间，牙齿受到压力，使牙齿往正常方向长出时受阻，形成局部小开牙。同时由于经常做吸吮动作，两颊收缩使牙弓变窄，形成上前牙前突或开唇露齿等不正常的牙颌畸形。

❧张口呼吸：张口呼吸时上颌骨及牙弓易受到颊部肌肉的压迫，会限制颌骨的正常发育，使牙弓变得狭窄，前牙相挤排列不下引起咬合紊乱，严重的还可出现下颌前伸，下牙盖过上牙的情况，即俗称的兜齿瘪嘴。

❀偏侧睡眠：这种睡姿易使颌面一侧长期承受固定的压力，造成不同程度的颌骨及牙齿畸形，两侧面颊不对称等情况。

❀下颌前伸：即将下巴不断地向前伸着玩，易形成前牙反颌，俗称地包天。

❀含空奶头：一些宝宝喜欢含奶瓶的空奶头睡觉或躺着吸奶，这样奶瓶易压迫上颌骨，而宝宝的下颌骨则不断地向前吮奶，长期反复地保持此动作，可使上颌骨受压，下颌骨过度前伸，形成下颌骨前突的畸形。

应该给宝宝吃的固齿食物

家长应给宝宝多吃些蔬菜、果条，这样不但有利于改掉其吮手指或吮奶瓶嘴的不良习惯，而且还可使牙龈和牙齿得到良好的刺激，减少出牙带来的痛痒，对牙齿的萌出和牙齿功能的发挥都有好处。另外，进食一些点心或饼干可以锻炼宝宝的咀嚼能力，促进牙齿的萌出和坚固，但同时也容易在口腔中残留渣滓，成为龋齿的诱因，因此在食后最好给宝宝些凉开水或淡盐水饮服代替漱口。

宝宝乳牙的发育与其他组织器官的发育不尽相同，但是，乳牙又和它们一样，在成长过程中也需要多种营养素。矿物质中的钙、磷、镁、氟，与其他如蛋白质的作用都是不可缺少的。维生素A、维生素C、维生素D可以维护牙龈组织的健康，补充牙釉质形成所需的维生素。可以给宝宝多喂食海带、鱼、新鲜蔬果、煮熟的豆类及豆制品等富含钙、维生素的食物。

出牙期间食用细嚼型食物

1. 营养均衡

4~6个月期间，宝宝一直在食用单一味道的食物，像是米粥、蔬菜泥或水果泥等。到了7个月，食谱应该丰富多样些，除了米粥、蔬菜泥，还可以添加鸡胸肉、牛肉、鱼肉等肉类；同时，妈妈要注意谷物、蔬菜、肉类及海鲜等食品的搭配是否均衡合理，这样宝宝不仅可以摄取足够的营养素，还能品尝不同食物的味道。

妈妈要减少宝宝喂奶的次数，开始喂食捣烂的蔬菜泥或肉末等固体食物，要把水果或蔬菜中的硬梗去除，并将鱼肉中的刺完全地清除干净，以免造成宝宝吞咽时卡住喉咙。

2. 引导宝宝使用汤匙

7~9个月的宝宝已经慢慢适应食物，不但能进食食物，还能咀嚼细碎的食物并吞咽下去。这时候，宝宝开始出现独立意识，希望自己可以抓食物来吃。宝宝对很多事情感到好奇，因此想要自己伸手感受食物的触感及温度，妈妈看到这种情形后，可以将预先准备好的宝宝专用汤匙放到宝宝手中，让他熟悉汤匙的使用。

3. 注意食物的硬度和浓度

宝宝吞咽食物的速度会加快，还能够熟练地用舌头来挤碎食物，妈妈可以在食物中添加如同豆腐或果冻般硬度的块状食物，以手指能够轻轻夹碎为宜。

此外，宝宝的辅食一般来说无须调味，2岁之前不建议添加任何调味品。

❀ 宝宝餐食材推荐

玉米

| 别名 | 苞米、珍珠米 |

玉米的营养与作用

　　玉米富含宝宝必需的而自身又不易合成的30余种营养物质，如铁、钙、硒、锌、钾、镁、锰、磷、谷胱甘肽、氨基酸等，具有提高大脑细胞活力、提高记忆力、促进生长发育等作用。

　　玉米的膳食纤维含量很高，是大米的10倍，大量的膳食纤维能刺激胃肠蠕动，缩短食物残渣在肠内的停留时间，加速排泄并把有害物质带出体外，呵护宝宝的肠胃。

　　玉米中含有维生素B_2，有利于毛发的正常生成和肌肤的润滑，宝宝平时吃精制米多，吃粗粮少，容易造成维生素B₂的缺乏，因此应适当给宝宝吃玉米。

宝宝长牙后，有一定的咀嚼能力，啃玉米的时候不仅可以锻炼宝宝的咀嚼能力，巩固牙齿，还能锻炼宝宝的动手能力、抓握能力。

玉米的安全问题

发霉变质的玉米会产生有毒物质——黄曲霉毒素，会损伤人体的肝脏组织，降低免疫力，所以发霉的玉米绝对不能给宝宝食用。

此外，玉米最大的安全问题是有些商贩可能添加甜精，因此家人需注意不要随意购买外面商贩的煮玉米回来给宝宝吃。

不良商贩为了让玉米的颜色和口感更好，会在煮玉米的过程中加入甜蜜素或者玉米香精。添加过玉米香精煮出来的玉米，颜色会更加鲜亮，玉米粒更饱满，闻上去味道也更浓，剥一粒玉米尝一下会有明显的甜味。

甜蜜素、玉米香精都属于食品添加剂，没有任何营养价值，食用多了对我们的身体会产生伤害，所以在选购煮好的玉米时，一定要看看外观颜色、闻闻味道是不是有异样，再看看煮玉米的水是不是比较淡不浑浊，如果是这样的话，就不要购买了。

安全选购玉米

一看外壳叶	叶子颜色呈现鲜绿色，不蔫巴，说明玉米比较新鲜。
二看下端穗柄口	断口如果是发黑色，则说明采摘时间太久，不新鲜了。
三看玉米须	玉米须外部的稍微有点黑并且干干的，撕开一点外壳叶，发现里面的玉米须是黄白色，则是新鲜的，如果玉米须呈现蔫巴的状态，则不新鲜。
四看玉米粒	新鲜玉米粒的状态饱满多汁，用指甲轻轻掐一下，就可出汁水。如果是老玉米、久置的玉米，则掐不出汁水，中间是空的，而且干瘪。

红薯

| 别名 | 红玉、甘薯、番薯、地瓜 |

红薯的营养与作用

红薯中含有膳食纤维，有助于促进肠胃蠕动，帮助通便，因此大便干燥的宝宝可以食用红薯粥，以改善这种状况。

近代研究发现，红薯中的某些物质具有很好的抗癌作用，因此，我们在日常饮食中应常食用红薯，增强自身的抗癌能力，降低患病概率。

红薯虽然营养价值很高，但是它本身不容易消化，容易胀气，因此一次不能吃太多。

安全选购红薯

一看外观	选择颜色较鲜艳、饱满的红薯，这样的红薯质量较好，口感佳。如果红薯有发霉或者有缺口的则不要挑选。
二看颜色	放久了的红薯，它的表皮颜色会变得暗淡，不再是鲜艳的颜色，表皮明显粗糙，干瘪瘪的，久置的红薯水分流失，营养成分也流失了，因此不宜选购。

木瓜

别名	木李、海棠、光皮木瓜

木瓜的营养与作用

木瓜富含大量水分、糖类、多种维生素，能够补充宝宝所需营养，增强抗病能力。其中含有的维生素A原，对宝宝的生长发育很有帮助，宝宝体内如果缺乏维生素A则会导致夜盲症，视力下降，免疫功能受到损伤，生长发育变得迟缓等。

木瓜中还含有一种酵素，能够消解蛋白质，有利于食物的消化和吸收，因此宝宝吃木瓜还有健脾消食的作用。

木瓜中还含有番木碱和木瓜蛋白酶，它们具有抗结核杆菌、寄生虫的作用，可以有效增强宝宝的免疫力。

安全选购木瓜

青木瓜	选择外表皮光滑、颜色亮一点，没有色斑的即可。
熟木瓜	选择手感轻的，味道比较甜。手感沉的木瓜还没有完全成熟，口感会稍苦一点。挑选的时候可以按一按木瓜的表皮，稍微软但又不是很软的那种，有点儿斑点，肉质较结实，口感也甜。

猪肝

别名	血肝

猪肝的营养与作用

猪肝含有丰富的蛋白质及铁、磷等矿物质，妈妈们爱给宝宝吃猪肝，主要就是因为它可以帮助造血，可以促进身体发育。不过给宝宝喂食猪肝要适量，每100克猪肝中含维生素A为4972ugRE，成人每天的需要量为800ugRE，宝宝每天的需要量就更少了。

猪肝中还含有丰富的维生素A，可以保护眼睛，缓解眼睛疲劳，维持正常的视力，爱吃猪肝的宝宝，眼睛乌黑发亮的，显得炯炯有神。同时维生素A对维持皮肤光滑白皙也很有帮助。

禽畜肝脏中还含有丰富的维生素B_2，猪肝中也不少，给宝宝食用猪肝，可以补充体内的维生素B_2，对人体自身的解毒代谢有益，可以增强宝宝的解毒能力，呵护宝宝健康成长。

猪肝的安全问题

猪肝必须反复用流动水彻底清洗干净，防止有毒素、杂质残留，而且肝脏必须在烹调之前浸泡一段时间，使其毒素彻底清除。

烹调的时候必须熟透，对于肝脏要"宁烂勿生"，没有熟透的肝脏很容易造成中毒，烹调方法建议用炖或者焖煮的方法。

此外，肝脏中的胆固醇含量很高，因此不能过量食用。

猪肝一旦保存不当，很容易变色、变干，从而影响它的风味及营养。我们在保存猪肝的时候可以在其表面涂一层食用油，再放入冰箱中保存，一般只可以保存1~2天。

安全选购猪肝

一看颜色	质量优良的猪肝呈深褐色，如果颜色发红，甚至发紫，这样的猪肝就比较劣质；如果猪肝的边缘发黑，则说明它放置时间较长，不宜购买。
二感质地	用手指稍微用力去戳猪肝，猪肝柔软移动，甚至可能能捅个小口，这样的猪肝则为质量较好的。
三看价位	购买肝脏的时候要注意去正规超市或者熟食店去买，便宜的猪肝质量较难保证，应选择通过检疫的禽畜的肝脏，病死或死因不明的禽畜肝脏一律不能食用。

牛肉

别名	黄牛肉

牛肉的营养与作用

　　牛肉含有丰富的蛋白质，其氨基酸组成比猪肉更符合人体的需要，宝宝食用牛肉可以提高机体抗病能力，增强自身免疫力。

　　牛肉中含有丰富的铁以及碘、锌、硒等微量元素，可以补充人体所需的矿物质，能够帮助宝宝预防缺铁性贫血、甲状腺肿等微量元素缺乏疾病。

牛肉的安全问题

目前影响牛肉质量安全问题的主要因素，大致可分为兽药残留、违禁药物、重金属等有害物质超标和人为掺假等。

尤其是牛肉掺假以次充好的问题非常严重，一些不良商家受经济利益的驱使，出现牛肉注水增重，利用病、死牛肉加工熟食品出售，在牛肉中添加违禁用品以增加保鲜时间和色泽等。因此，大家在购买牛肉时一定要擦亮眼睛，不能图便宜以免买到问题牛肉。

安全选购牛肉

一看色泽	新鲜牛肉呈均匀的红色，有光泽，脂肪呈洁白色或乳黄色；而劣质牛肉色泽稍暗，切面尚有光泽，但脂肪无光泽；变质牛肉色泽呈暗红，无光泽，脂肪发暗直至呈绿色。
二闻气味	新鲜牛肉有鲜牛肉特有的正常气味；而劣质牛肉稍有氨味或酸味；变质牛肉则有腐臭味。
三摸黏度	新鲜牛肉表面微干或有风干膜，触摸时不黏手；而劣质牛肉表面干燥或黏手，新的切面湿润；变质牛肉则表面极度干燥或发黏，新切面也黏手。
四测弹性	新鲜牛肉指压后的凹陷能立即恢复；而劣质牛肉指压后的凹陷恢复比较慢，且不能完全恢复；变质牛肉则指压后的凹陷不能恢复，且留有明显的痕迹。

鸡肉

别名	家鸡肉、母鸡肉

鸡肉的营养与作用

　　鸡肉蛋白质的含量比例较高，而且易消化，很容易被宝宝吸收利用，有增强体力、强壮身体的作用。其中含有的骨胶原蛋白，有强化血管的作用，对宝宝的生长发育有重要的作用。

　　鸡肉中含有的氨基酸，符合人体的需要，且有利于宝宝消化吸收，为宝宝的健康成长提供所需要的营养物质。

　　鸡肉中含有较多的B族维生素，有保护皮肤、缓解疲劳及促进生长发育的作用，让宝宝充满活力，拥有光滑柔嫩的皮肤。

　　鸡肉中铁的含量较高，给宝宝食用鸡肉，可预防宝宝贫血或改善缺铁性贫血，使宝宝健康成长少生病。

鸡肉的安全问题

现在市场上某些不良商贩为了给整只鸡增重，会用注射剂给鸡肉注水，这样做不仅会影响鸡肉的品质，还会产生细菌等污染物质。将水注入鸡肉里，会引起鸡的体细胞膨胀性破裂，导致蛋白质流失，从而降低鸡肉的营养。注水过程中没有消毒等手段，容易产生细菌等污染物质，且注水后的鸡肉自身也容易感染各种病原微生物，食用这样的鸡肉会给人体健康带来严重危害。如果注水鸡肉注入的是污水，还可能会导致食物中毒。可以通过以下方法识别是否是注水鸡肉。

注水的鸡特别"肥"，用手指压肉不紧、弹性大、在腿至腹部间划开可见水。被浸泡的鸡爪子肥大，色泽淡白。

有的人将水用注水器打入鸡腔内的膜和网状内膜内。只要用手指在上面轻轻地一抠，注过水的鸡肉，网膜一破，水就会流淌出来。

如果没有注过水的鸡，摸起来比较平滑。如果皮下注过水的鸡，高低不平，摸起来像长有肿块。

拉起鸡的翅膀仔细查看，如果发现上边有红针点或乌黑色，那就证明已经注了水。在鸡的皮层用手指一捏，明显地感到有打滑的现象，一定是注过水的。

安全选购鸡肉

一看外表	新鲜的鸡肉外表光滑，不会有黏液。鸡胸肉则要挑选表皮完整、没有受伤的。
二看颜色	新鲜的鸡肉表皮颜色为黄白色；而不新鲜的鸡肉，肉的颜色会变暗，表皮没有光泽。
三闻味道	新鲜的鸡肉闻起来带有新鲜的肉味；而不新鲜的鸡肉，闻起来会有腥臭味。

鸡肝

别名	无

鸡肝的营养与作用

鸡肝中维生素A的含量很高，比猪肝的含量还高，维生素A有保护眼睛，维持视力，防止眼睛干涩、疲劳的作用，爱吃鸡肝的宝宝眼睛总是乌亮乌亮的，并且视力很好。

鸡肝中还含有丰富的维生素B_2，维生素B_2在人体中起重要作用，它是人体新陈代谢中许多酶和辅酶的组成部分，可以促进新陈代谢，帮助排除体内的毒素，有益于宝宝的健康成长。维生素B_2同时还对人体的皮肤生长起间接作用，使皮肤保持光滑柔嫩。

鸡肝的安全问题

鸡肝和猪肝一样，同样是体内的解毒器官，因此，它们最大的安全问题便是食用中毒的问题，因此一定要注意清洗干净。

鸡肝虽然可以补充婴幼儿体内的维生素A的需求，但是其胆固醇也相对较高，过量食用鸡肝容易导致体内胆固醇超标。因此，长期吃鸡肝容易引起肥胖，同时也会增加婴幼儿长大后糖尿病、胰腺炎、心血管疾病的发病率。建议每周给宝宝吃1~2次即可。

安全选购鸡肝

一闻气味	新鲜的鸡肝闻起来是一种比较香的味道，如果闻到腥臭味则是已经变质的鸡肝。
二看外形	用手去戳鸡肝，新鲜的鸡肝会感到仍然充满弹性，而放置较久的鸡肝则会比较干燥，没有水分。
三看颜色	新鲜的鸡肝有淡红色、土黄色、灰色，而不新鲜的或者酱腌过的鸡肝则呈黑色。若鸡肝的颜色过于鲜艳，呈鲜红色，则可能是商贩加了色素以此来吸引顾客，不宜购买。

鸡蛋

别名	鸡卵、鸡子

鸡蛋的营养与作用

　　鸡蛋富含蛋白质、脂肪、维生素和铁、钙、钾等人体所需要的矿物质，能令宝宝骨骼强壮，强身健骨，是补充宝宝体力和体质的最佳食物。其中蛋白质是人体细胞组织生长发育的重要物质，是生命的物质基础。0~3岁的宝宝正处于生长发育的关键期，对蛋白质的需求很高，因此给宝宝吃鸡蛋有利于宝宝的生长发育。

　　鸡蛋黄中的卵磷脂、甘油三酯、胆固醇和卵黄素，对宝宝神经系统和身体发育有很大的作用，这些物质一旦供应不足，会影响大脑的发育。0~3岁宝宝正处于大脑的发育期，因此应适当给宝宝吃鸡蛋黄，以助于大脑的发育。

鸡蛋的安全问题

给宝宝吃鸡蛋必须是煮熟的，不能生吃。打蛋时也必须提防沾染到蛋壳上的杂菌。生鸡蛋中会带有许多沙门氏菌，吃到体内是非常危险的，很容易就会造成食品感染中毒，急性中毒为肠胃炎症状：腹泻、腹痛、发烧等；重则可能还会给身体造成不可逆的影响。

其次就是溏心鸡蛋，鸡蛋烹调温度达到70~80摄氏度中心温度的时候才可以杀灭沙门氏菌，当蛋黄凝结的时候说明已经接近这个温度，而溏心鸡蛋的中心温度并没有达到这个温度，对沙门氏菌而言，很可能就造成遗漏，也会给人体带来中毒的威胁。所以，溏心鸡蛋不建议妈妈给宝宝吃。

安全选购鸡蛋

一看外壳	首先要看鸡蛋外壳是否干净和完整，有没有破碎的痕迹和发霉的污点，一般如果蛋壳表面特别光滑，那么可能已经存放很长时间了。
二摇一摇	挑选鸡蛋的时候可以轻轻摇一下，新鲜的鸡蛋音实而且无晃动感，而时间长的鸡蛋可能有一些水声。
三照一照	购买的时候可以对着光照一照，看看有没有气室，一般气室很大的就不是新鲜鸡蛋。
四掂分量	同样大小的鸡蛋，更重的一般更新鲜。
五看打蛋	新鲜的鸡蛋打到碗里，一般蛋黄会比较饱满，呈圆形，而且会与蛋清有很明显的分层。

鳕鱼

| 别 名 | 大头青、大头鱼 |

鳕鱼的营养与作用

　　鳕鱼肉中的蛋白质含量很高，约占16.8%，而它的脂肪含量低，可谓是高蛋白、低脂肪的一种食物。鳕鱼肉营养价值高，且容易被人体吸收利用，对促进宝宝的生长发育很有帮助。

　　鳕鱼的肝脏含油量高，其富含促进大脑发育的DHA、EPA等营养物质，此外还含有多种维生素，可以补充体内的营养元素。

鳕鱼的安全问题

真鳕鱼的营养价值高，富含的不饱和脂肪酸对于儿童智力和视力的发育、成人的降低血脂等方面都是很有益处的，但是一定要仔细鉴别。市面上有一种很像鳕鱼的鱼，这种鱼的学名叫做"蛇鲭"，又称为"油鱼"。这种鱼的脂肪含量可以高达20%，并且是以蜡质的形式存在的，不能为人体消化吸收，就如我们不能消化膳食纤维一样。因此吃这种鳕鱼，就会造成严重的腹泻，所以妈妈们一定要学会辨别真假鳕鱼。

烹调鳕鱼的方法有很多，为了让宝宝尝到原始的鳕鱼的味道可以选择清蒸的方法，而且鳕鱼清蒸，不仅能尝出其口感细腻度，更能使得营养价值吸收最大化。

在喂宝宝吃鳕鱼肉时也要格外注意有没有鱼刺残留，以免伤了喉道。

第一次给宝宝尝试鳕鱼的时候，注意不要给太多，最好是先让宝宝吃一两口，然后妈妈要仔细观察宝宝有无过敏现象。宝宝如果没有过敏现象，再逐渐添加鳕鱼的量。

安全选购鳕鱼

一看价格	一般1千克正宗的鳕鱼价格都在200元以上，如果出现低价格的鳕鱼就得留意一下，很可能不是真正的鳕鱼。
二问产地	我们在选购鳕鱼的时候一定要看鳕鱼是哪里生产的。一般像银鳕鱼、扁鳕鱼等多产于加拿大、俄罗斯等国，这种鳕鱼的肉质比较紧密，是料理店常用的鳕鱼材料。而中国的银鳕鱼多见于黄海和东海北部，主要渔场在黄海北部、海洋岛南部、山东高角东南偏东区域。
三看颜色	真鳕鱼的肉颜色相对来说比较洁白，假鳕鱼颜色呈黄色。
四看鱼鳞	真鳕鱼的鱼鳞比较锋利，就像针刺一样。假鳕鱼则无此特点。
五触手感	当鱼肉解冻之后，真鳕鱼摸上去会很柔滑，劣质鳕鱼或假鳕鱼则相对粗糙一点。
六看鱼干	真正的鳕鱼口感细腻，中间是没有淡黄或者淡红的线条。如果发现有这样的线条，多半是假的。

葡 萄

别 名	草龙珠、山葫芦、蒲桃

葡萄的营养与作用

葡萄含糖量高达10%~30%，以葡萄糖为主，容易被人体直接吸收，对于消化能力较弱的宝宝可以多吃些葡萄。

葡萄中的果酸有促进消化的作用，适当给宝宝多吃些葡萄，能健脾和胃，宝宝如果食欲不佳的时候，吃葡萄有助于开胃。

安全选购葡萄

一看外观	选购时首先要注意外观的新鲜，果穗大小合适且整齐排列，葡萄的梗部新鲜牢固，果粒饱满，表皮有白霜者品质为好，用手提起时，果粒牢固落粒较少。如果葡萄的梗部干枯，表皮果粉残缺，这些都是品质不好的果实，不宜选购。
二看颜色	成熟度适中的葡萄果粒颜色较深，品种不一，颜色也不一。
三尝味道	好葡萄入口汁水多，味甜，有葡萄香气。质量差的葡萄果汁少，味淡无香气，而且酸味太浓厚。选购的时候可以尝葡萄串最下面的果实，如果这颗葡萄甜，则整串葡萄都甜。

健康宝宝餐这样做

玉米汁

原料 玉米1根
做法
①将玉米煮熟，掰出玉米粒倒容器里。
②按1:1的比例，将玉米粒和温开水放到榨汁机里榨汁后，用消毒纱布过滤即可。

葡萄汁

原料 葡萄200克
做法
①将葡萄用清水洗净。
②把葡萄放入榨汁机内，加入200毫升的水，榨取汁液。
③ 把葡萄汁倒入杯中即可饮用。

木瓜泥

原料 木瓜50克
做法
①将木瓜洗净，去籽、去皮后切成丁。
②放入碗内，然后用小汤匙压成泥状即可。

蛋黄泥

原料 煮熟蛋黄1/4个，大米粥20克
做法
①将熟蛋黄研成碎泥，用少许温开水化开。
②将大米粥放入锅中小火加热，煮开后将蛋黄泥放入搅匀，小火加热至粥再次煮开即可。

鱼肉泥

原料 鱼肉50克
做法
①将洗净、去刺的鱼肉切小块，待用。
②锅中将水煮沸，放入鱼肉氽烫2~3分钟。
③将鱼肉取出后，捣烂即可。

木瓜豆腐奶酪

原料 木瓜150克，乳酪25克，牛奶适量，豆腐50克
做法
①将木瓜、豆腐洗净，分别切成小块，磨成泥状。
②把木瓜泥、豆腐泥放入器皿中，加入乳酪、牛奶混合。
③煮开后再烧一会儿即成。

红薯大米糊

原料　大米粥20克，红薯10克

做法

①红薯洗净、去皮、切薄片，入沸水锅中蒸至熟软，压成薯泥。

②将3分稠的大米粥小火煮沸，加入薯泥拌匀即可。

苹果红薯米糊

原料　苹果20克，红薯20克，米粉30克

做法

①红薯去皮、苹果去皮去核切碎，放入沸水中煮软，用研磨器碾成泥。

②果泥、薯泥中拌入米粉，加温水调匀即可。

奶香玉米糊

原料　玉米粒80克，牛奶适量

做法

① 将玉米粒放入沸水锅中焯水后捞出，取一部分放入搅拌机中搅成泥状，另一部分待用。

②将玉米泥和牛奶一起拌匀。

③倒入锅中，边煮边搅匀，煮开后再放入玉米粒即可。

鸡蓉玉米羹

原料　鸡胸肉、鲜玉米粒各30克，鸡汤100毫升

做法

①将鸡胸肉、玉米粒依次洗净，再分别剁成蓉。

②将鸡汤烧开撇浮油，加入鸡肉蓉和玉米蓉搅拌后煮开，转小火再煮5分钟即可。

青菜猪肝肉汤

原料　猪肝30克，胡萝卜、西红柿各20克，青菜2棵，肉汤适量

做法

①猪肝洗净，清水浸泡1小时后切丁；胡萝卜去皮擦丝；西红柿烫去外皮切丁；青菜洗净切碎。

②肉汤入锅烧开，放入猪肝、胡萝卜煮熟，加西红柿和青菜再煮5分钟即可。

牛肉菜粥

原料　白米粥4匙，牛肉10克，卷心菜10克

做法

①牛肉去除脂肪后，剁碎；卷心菜洗净，烫熟后切碎。

②锅中放入白米粥和水，煮滚后加入牛肉和卷心菜，改用小火搅拌熬煮，直到粥变浓稠即可。

香菇鸡肉粥

原料　鲜香菇1朵，鸡胸肉50克，大米、麦片各适量

做法

①将香菇洗干净，切成小粒。

②鸡胸肉清洗后切成小粒，与香菇粒一起放入炒锅中，加油稍微炒一下。

③炒好的食材入锅与大米、麦片一起熬粥，温凉后喂食。

鸡肉南瓜粥

原料　白米粥4匙，鸡胸肉、南瓜各20克，鸡高汤适量

做法

①鸡胸肉煮熟后，剁碎。

②南瓜去皮、蒸熟后，剁碎。

③鸡高汤入锅和水、米粥一起煮开，再放入鸡胸肉碎末，以中火继续熬煮。

④待米粥浓稠后，加入南瓜碎末稍煮片刻。

⑤关火后盛出，稍微放凉后即可食用。

牛肉汤饭

原料　白米饭40克，牛肉、虾仁、小白菜各10克，高汤50毫升

做法

①将牛肉洗净，剁成碎末。

②虾仁去肠泥，洗净后剁碎。

③小白菜洗净，切碎。

④锅中放入白米饭和高汤煮滚后，加入牛肉碎、虾仁碎、小白菜碎煮至熟软即可食用。

鸡肝面条

原料　宝宝营养面50克，鸡肝、小白菜各25克，鸡蛋1个，肉汤适量

做法

①将鸡肝煮熟剁成细末；小白菜洗净切成细末；鸡蛋打入碗中搅匀备用。

②将肉汤煮开，放入面煮开。

③面快熟时往锅内放入鸡肝末、小白菜末稍煮片刻。

④锅内浇入鸡蛋液稍煮后即可。

10~12个月：宝宝辅食趋向成人饮食

培养宝宝良好的
饮食习惯

纠正宝宝边玩边吃的坏习惯

10~12个月的宝宝活动能力增强，可自由活动的范围增加，有些宝宝不喜欢一直坐着不动，包括喂食物的时候也是如此。若出现这样的情况，在喂食物前最好先把能够吸引宝宝的玩具等东西收好。当宝宝吃饭时出现扔汤匙的情况，家长要表示出"不喜欢宝宝这样做"。如果宝宝仍重复扔就不要再给宝宝喂食物了，最好收拾起饭桌，千万不要到处追着给宝宝喂食物。

定点定量

一日饮食安排向三顿辅食餐、一次点心和两顿奶转变，逐渐增加辅食的量，为断奶做准备，但每日饮奶量应不少于 600 毫升。

如果宝宝拒绝吃饭，爸爸妈妈不要强迫他进食，不能将吃饭变为一场战争。在尊重孩子的同时，了解他不愿意进食的原因。如果是因为吃太多零食，妈妈就要控制他的零食摄取量了，到正常进餐之前，不让他吃任何零食。如果是因为贪玩或被某一事物吸引而不愿意吃饭，可以给予适当的惩罚。

学习自己使用餐具

10~12个月的宝宝颈部和背部的肌肉已经明显成熟，能够稳稳地坐在专属婴儿的高背椅上，手和嘴的配合协调性已经有了一定的进步，具备了自己进食的基本能力。此时，妈妈可以为宝宝准备专属座椅和婴幼儿专用的餐具，创造宝宝自己进食的环境，鼓励宝宝自己进食。

在宝宝自己进食的过程中，爸爸妈妈要有耐心，如果宝宝能够顺利完成，不仅锻炼了宝宝的综合能力，还可以增强宝宝的自信心。妈妈还可以邀请宝宝到餐桌上和家人共同进餐，大家一起享受美食，宝宝会受到感染，从而增加食欲。在进餐时，注意不要让他成为全桌人关注的中心。

正确应对宝宝的
挑食、厌食

丰富食物种类

为宝宝准备辅食的时候，妈妈应经常变换辅食的种类和口味。不同口味和颜色的辅食，能够从视觉和味觉上吸引宝宝的兴趣。如果每天都是同样的食物，即使是成人也会因每天一成不变的食物而感到厌烦。如果妈妈在菜色和口感上多做一些改变，不仅能满足宝宝的营养添加需求，还能吸引宝宝对食物的兴趣。宝宝每餐食物种类以2~3种为宜。

妈妈要做好榜样

宝宝偏食不是天生的，很多宝宝是受家人不良饮食习惯的影响造成的。例如，妈妈对某一种蔬菜或水果表现出不喜欢甚至厌恶的情绪，那么，宝宝会在妈妈的影响下也讨厌这种蔬菜或水果。因此，培养宝宝不挑食的饮食习惯，首先妈妈在饭桌上不要挑食，以免给宝宝造成某些菜不好吃的印象。其次，如果妈妈想让宝宝喜欢新鲜的水果和蔬菜，自己也要喜欢并吃这些食物，在饭桌上给宝宝树立好的榜样。

不要逼迫进食

很多妈妈以宝宝的健康为目的，从经验出发，经常逼迫孩子再多吃一口。逼迫进食不仅容易损伤胃功能，导致营养不良，还容易伤害宝宝的心理健康，对进食产生恐惧感。

正确的喂食方法是用几天的时间仔细观察宝宝的日均进食量，如果宝宝的进食量在平均值附近，身高体重也正常，就说明宝宝的生长发育正常，妈妈就不用为宝宝某天吃得少而担心着急。

任何一个孩子都希望得到妈妈的鼓励。妈妈的夸奖和鼓励，不仅可以激励宝宝下一次吃饭时能够表现好，还能培养他的自信心。当宝宝在饭桌上有不错的表现时，妈妈一定要及时表扬他。

过渡期
宝宝食物特点

适当增加食物的硬度

可以适当增加食物的硬度，让宝宝学习咀嚼以利于语言的发育和吞咽功能、搅拌功能的完善，增强舌头的灵活性。给宝宝的辅食，可以从稠粥转为软饭，从烂面条转为馄饨、包子、饺子、馒头片，从肉粒、菜粒逐渐转为碎菜、碎肉、小块儿水果等。

不要过度注意宝宝进食的量

辅助食物的添加，实际上是帮助宝宝从乳类喂养到成人饮食的过渡，所以每个阶段的辅食添加也不同。在 10~12 个月期间，宝宝的辅食添加质地以细碎状为主，饮食数量也会有所增加。虽然由于这个时期宝宝乳类饮食相对减少，因此很多家长都希望宝宝多吃点，但其实只要宝宝的营养摄入正常，大可不必如此。

宝宝和大人的食物分开做

虽然宝宝已经可以和大人一起吃三餐饭了，但宝宝的磨牙还没长出来，不能吃大人吃的那种硬度的食物，水果类食物可以稍硬一些，但肉类、菜类、主食类还是应该软一些；同时，大人的食物对宝宝来说太咸，因此还是要单独给宝宝做饭，而且要注意食物种类的搭配，以保证营养均衡。

宝宝餐食材推荐

糯米

别名	元米、江米

糯米的营养与作用

糯米含有钙、磷、铁、维生素B_1、维生素B_2、烟酸及淀粉等，营养丰富，为温补强壮食品，具有健脾养胃的功效。

可以给宝宝多吃粳米、糯米做成的食物，如粳米粥、糯米粥，不仅容易消化，也能补益脾胃。如果觉得煮好的粥颗粒较大，不利于宝宝吞咽，可以用食品料理机搅打成细腻的糊状再喂给宝宝吃。

安全选购糯米

一看外观	选择粒大饱满的糯米；如果糯米外面有发黑或坏掉的部分，则不宜购买。
二看颜色	糯米的颜色是雪白色的，如果米粒上有黑点，则可能是发霉了，不宜购买。同时糯米是不透明状的颗粒，抓一把糯米，如果发现其中有半透明的米粒，则多是掺了大米，滥竽充数。
三看质地	糯米如果放置久了，就会出现"爆腰"的现象，即米粒的中间有横纹，有爆腰的糯米不宜购买。

豆腐

别名　水豆腐、老豆腐

豆腐的营养与作用

豆腐中含有丰富的蛋白质，通过给宝宝吃豆腐，补充蛋白质，有助于提高机体的免疫力，增强体质，使宝宝少生病，健康成长。

豆腐中含有丰富的钙质，有利于骨骼的健康发育，促进宝宝长高，同时补充钙质，也有助于牙齿的巩固，让宝宝拥有一口坚固的牙齿。

豆腐中含有亚油酸，这种物质有助于大脑和神经系统的发育，通过给宝宝吃豆腐，有健脑益智的作用。

豆腐中含有维生素B_2，如果体内缺少维生素B_2则会影响机体正常的新陈代谢，同时会患口角炎、舌炎等炎症，因此给宝宝吃豆腐可以预防宝宝口腔发炎。

豆腐中的矿物质，有助于维持宝宝的基础代谢，使宝宝拥有一个健康的身体，时刻充满活力，做一个健康快乐的小宝宝。

豆腐的安全问题

常见的豆腐有三种，南豆腐、北豆腐和内酯豆腐。

南豆腐是用石膏做的豆腐，石膏主要成分是硫酸钙，所含水分比北豆腐高；北豆腐是卤水点的豆腐，卤水主要成分是氯化钙和氯化镁；内酯豆腐是用葡萄糖内酯点的豆腐，更鲜嫩，适合做汤。相比较而言，北豆腐的营养价值高一点，妈妈们应该优先选择给宝宝吃北豆腐。

在选购的时候妈妈们需要注意的是豆腐的造假。一些不良商贩使用淀粉、合成的蛋白、漂白剂以及一些食品添加剂制成的，这种豆腐营养价值低，味道口感方面都很差，且对人体的健康会造成伤害，因此需格外注意。

此外，豆腐消化时间长，有消化不良的宝宝不宜多食。

安全选购豆腐

一看色泽	优质豆腐所呈现出来的颜色是均匀的乳白色或淡黄色，是豆子磨浆的色泽。而劣质的豆腐颜色呈深灰色，没有光泽。
二试弹性	优质的豆腐富有弹性，结构均匀，质地嫩滑，形状完整。劣质的豆腐比较粗糙，摸上去没有弹性，而且不滑溜，发黏。
三闻味道	正常优质的豆腐会有豆制品特有的香味。而劣质的豆腐豆腥味比较重，并且还有其他的异味。
四尝口感	优质豆腐掰一点品尝，味道细腻清香。而劣质的豆腐口感粗糙，味道比较淡，还会有苦涩味。

红豆

红豆的营养与作用

红豆富含维生素E及钾、镁、磷等营养，对宝宝能起到清热解毒、健脾益胃的作用。

红豆是富含叶酸的食物，产妇、乳母多吃红豆有催乳的功效，所以新妈妈也可以多吃一些。

安全选购红豆

一看表面	表面色泽呈赤红色，颗粒紧实而饱满，大小均匀，则是优质红豆。如果表皮皱，颗粒暗沉，大小不均，则是劣质红豆。
二闻味道	豆子都有本身的豆腥豆香味，如果闻到有异味，应该是变质的红豆。
三用盐水沉降	将红豆完全浸泡在淡盐水中，如果红豆下沉且全部浸泡其中，则是好红豆，浮在水面上的就不是好的红豆。

绿 豆

| 别名 | 青小豆 |

绿豆的营养与作用

绿豆含有蛋白质、糖类、维生素E、镁、磷等营养成分，能调节宝宝的心脏活动，有利于宝宝骨骼和牙齿的发育，可以提高宝宝的免疫功能。

当宝宝出现便秘时，家长可喂食宝宝各种有益于治疗便秘的汤水，如绿豆薏米汤，绿豆、薏米富含纤维质，不但可以改善便秘的症状，还有清热退火的功效。

妈妈们需要注意的是绿豆忌用铁锅煮。绿豆中含有单宁，在高温条件下遇铁会生成黑色的单宁铁，喝了以后会影响宝宝的食欲，对人体有害。

安全选购绿豆

| 一看外观色泽 | 优质的绿豆颗粒饱满，大小均匀，外皮呈鲜绿色，白色隔纹明显。劣质的绿豆色泽暗淡，颗粒大小不均，饱满度差，并且破碎多。 |
| 二闻气味 | 抓一把绿豆，向其吹一口热气，或者用双手互搓一下，然后立即嗅闻气味。优质绿豆具有正常的豆香味，没有其他异味。若呈现其他异味或霉变味道，则属于劣质绿豆。 |

西蓝花

| 别 名 | 椰菜花 |

西蓝花的营养与作用

　　西蓝花中含有丰富的维生素C和胡萝卜素，宝宝常吃西蓝花有助于消除体内有害的自由基，保持皮肤弹性，防止皮肤干燥，增强皮肤的抗损伤能力。爱吃西蓝花的宝宝，皮肤都很好。

　　西蓝花中还含有丰富的矿物质等营养物质，宝宝经常食用，不仅可以增强机体的免疫力，促进生长发育，维持牙齿及骨骼的正常生长，还可以保护视力及促进大脑发育。

西蓝花的安全问题

在处理西蓝花时，我们可以选择掰开或者在花梗处剪下。这样避免将花球弄散，还方便清洗，更容易将其中的残留物清洗出来。

在烹调西蓝花时，更为传统的方法是将其煮熟，但是这样会造成一部分的营养素损失。建议在烹调时用快炒、清蒸和焯水的方法，既可以保持口感，又能避免大量的营养素流失。

安全选购西蓝花

一看品相	花球表面无凹凸，整体有膨隆感，花蕾紧密结实的西蓝花品质较好。
二看颜色	西蓝花应选择浓绿鲜亮，若发现有泛黄或者已经开花的，则表示过老或储存太久。有些西蓝花会略带紫色，属于正常现象，并不会影响口感。
三掂重量	同样大小花球的西蓝花，选择重的为宜，但是注意不要选择花梗过硬的西蓝花，这样的西蓝花生长时间过长，会影响食用的口感。
四看叶子	因西蓝花在运输的过程中需要冷藏，所以购买西蓝花时，选择叶色鲜绿，较为湿润的西蓝花。
五看切口	观察切口是否嫩绿湿润，若已经干枯，表明西蓝花采摘时间过长，新鲜程度有所下降。

娃娃菜

别 名	微型大白菜

娃娃菜的营养与作用

娃娃菜中钾的含量较高，给宝宝吃娃娃菜，有利尿的作用，促进机体的新陈代谢，同时带走体内毒素和多余的水分。

娃娃菜的营养价值丰富，但是热量很低，深受人们喜爱，可以满足宝宝对维生素等营养物质的需要，有益于宝宝的健康成长。

娃娃菜还能够促进肠胃蠕动，具有防止大便干燥，保持大便通畅的功效，因此爱便秘的宝宝可以多吃娃娃菜。

安全选购娃娃菜

一闻味道	最好要有一种新鲜的蔬菜味道，如果有异味尽量不要选择了。
二摸手感	如果有黏黏的感觉说明已经放置很久了，也不要选择。

香菇

别名	花菇、香信、香菌

香菇的营养与作用

香菇中含有一般食物所缺乏的麦角固醇，它能转化为维生素D，对于增强宝宝的抗病能力有很大的作用，而且宝宝骨骼的生长，牙齿的坚固都离不开维生素D，给宝宝食用香菇，有助于宝宝的健康成长。此外，香菇中还含有香菇多糖体，能够抑制口腔内病菌的生长，防止龋齿，让宝宝拥有一口洁白、坚固的牙齿。

安全选购香菇

一闻味道	新鲜香菇都有一股浓浓的属于香菇本身的鲜味，如果闻到的是一种异味，很有可能是用甲醛浸泡过的，不能购买。
二看外观	选择菇形完整，菌肉厚，大小适宜，外表不黏滑，没有霉斑的香菇，这一类香菇是佳品，口感味道较好。
三看颜色	好香菇的颜色为黄褐色，如果颜色发黑，用受轻轻一捏就破碎的香菇，则表明已经不新鲜了，不宜购买。

黑芝麻

| 别名 | 胡麻、芝麻 |

黑芝麻的营养与作用

　　黑芝麻中的含铁量丰富，每100克黑芝麻中含铁达22.7毫克，而铁又是人体造血机能中不可缺少的原料。因此给宝宝吃黑芝麻，能补充体内所需的铁质，对促进宝宝身体健康，生长发育很有帮助，而且可以预防宝宝贫血，对治疗缺铁性贫血很有帮助。

　　黑芝麻中的含钙量丰富，比蔬菜、豆类还高，仅次于虾皮，而钙又是人体骨骼和牙齿的重要成分。因此给宝宝吃黑芝麻，能补充体内所需的钙质，对促进宝宝的骨骼生长、牙齿坚固很有帮助。

黑芝麻中脂肪含量多，有滋润肠道，促进胃肠蠕动的作用，给宝宝吃黑芝麻，对于预防宝宝便秘很有帮助。

黑芝麻中含有丰富的不饱和脂肪酸，不饱和脂肪酸在大脑和神经系统中起重要作用，对于提高宝宝大脑思维力、增强记忆力很有帮助，给宝宝吃黑芝麻有健脑益智的作用。

黑芝麻的安全问题

黑芝麻营养好，且价格也比较高，一些不良商贩为了提高自己产品的竞争力，使芝麻的外形好看，吸引人的眼球，常常以次充好，更有甚者将劣质芝麻重新收集后染色后再放到市面上销售，抬高单价，获取高额盈利。而选购染色黑芝麻的消费者便因此受到伤害，长期食用染色食品，会使体内的重金属物质逐渐累积，从而威胁我们的健康。

安全选购黑芝麻

一看颜色	染过色的黑芝麻又黑又亮、一尘不染；没染色的黑芝麻颜色深浅不一，还掺有个别的白芝麻。
二闻味道	没染色的有股黑芝麻的香味；染过的不仅不香，还可能有股墨臭味。
三搓辨色	拿纸巾搓黑芝麻，正常黑芝麻不会掉色；如果纸马上变黑了，肯定是染色黑芝麻。

橙子

別名　黄果、香橙、蟹橙

橙子的营养与作用

　　橙子中含有丰富的维生素C、维生素P，给宝宝吃橙子，有助于提高宝宝免疫力，同时增强毛细血管的弹性，呵护宝宝的血管。除此之外，维生素C在大脑的神经系统发育中起重要作用，补充维生素C，也有健脑益智的作用。

　　橙子中还含有果胶和膳食纤维，可以促进宝宝肠道的蠕动，预防宝宝便秘。

橙子的安全问题

在橙子上市的季节，有时候由于气候、环境等问题，有些橙子尚未真正成熟、外形也不好看，但商家们为了抢早上市，卖个好价钱，往往会对这些橙子进行催熟染色。这样的做法往往会导致添加剂使用过量、重金属含量超标。由于橙子果皮有许多肉眼看不见的小孔，在催熟染色的过程中很可能便渗入果肉中，从而对人体造成损害，甚至出现慢性中毒的症状。我们可以在选购橙子的时候用湿纸巾擦拭橙子表面，如果是染色橙子，会有掉色现象呈现在湿巾上，若是这样，则不宜选购。

安全选购橙子

一看果脐	果脐越小口感越好。
二掂分量	同等大小的橙子，分量沉的比较好，水分也充足。
三看橙皮	橙皮密度高，厚度均匀且稍微硬一点，这样的橙子口感佳。

健康宝宝餐这样做

柳橙汁

原料　柳橙1个，冷开水250毫升
做法
①将柳橙洗净，然后对半切开。
②取一个干净的碗，将橙子挤出橙汁倒入碗中。
③添加等量的冷开水，将果汁稀释后即可给宝宝饮用。

绿豆南瓜羹

原料　绿豆50克，南瓜100克
做法
①先将绿豆洗净，泡4小时；南瓜洗净去皮，切成约2厘米大小的块状，待用。
②锅内加清水适量，烧沸。
③将绿豆放入沸水中煮3~5分钟，待煮沸再下南瓜块，再用小火煮20分钟。
④煮至绿豆、南瓜烂熟即可。

松仁豆腐

原料　豆腐1块，松仁10克
做法
①将豆腐洗净放入盘中，切成小片，放入锅中蒸熟。
②将松仁洗干净，沥干水分后，放入盆中待用。
③用微波炉将松仁烤至变黄，用刀拍碎，撒在豆腐上，即可给宝宝喂食。

虾汁西蓝花

原料　西蓝花30克，大虾2只
做法
①将西蓝花洗干净，放入沸水中煮软，捞出，沥去水分，切碎。
②大虾挑去虾肠，清洗干净后放入滚水中煮熟，捞出，剥去虾壳，把虾仁切碎。
③将碎虾仁放入小煮锅中，加入少许水，大火煮5分钟成虾汁。
④将煮好的虾汁和虾泥，淋到西蓝花碎上即可。

清煮豆腐

原料 嫩豆腐1块，葱、芝麻油各适量

做法

①豆腐洗净，切成小方丁，用清水浸泡半小时，捞出，沥干水分待用。

②将葱洗净，切成葱花，待用。

③将锅置火上，锅中注入适量清水，加入豆腐丁，大火煮沸。

④加入葱花、芝麻油调味即可。

奶油白菜

原料 白菜100克，牛奶100毫升，火腿末、高汤、淀粉、食用油各适量

做法

①将白菜洗好，切成小段；将淀粉用少量水调匀，将牛奶加在淀粉中混匀。

②锅置火上，把油烧热，倒入白菜段，再加些高汤，烧至七八成熟，放入火腿末。

③将调好的牛奶汁倒入锅中，再将其烧开即可。

香菇白菜

原料 香菇3朵，白菜100克，盐、食用油各适量

做法

①白菜洗净，切成片；香菇去蒂洗净，切碎。

②锅中放入油，油烧热后，放白菜炒至半熟，加入香菇、盐和适量的水，小火煮烂即可。

红豆汤

原料 红豆75克

做法

①将红豆用清水洗净。

②再将红豆放入清水中泡4小时后沥干，备用。

③将红豆放入适量水中，用大火煮开后，转小火继续炖煮40分钟即可。

桂圆糯米粥

原料　糯米30克，桂圆10个
做法
①将糯米、桂圆分别洗干净，放入清水中浸泡2小时。
②将浸泡好的材料，加入水以大火烧沸。
③改用小火加盖煮40分钟即可。

芝士糯米白粥

原料　糯米粥5匙，白米粥5匙，芝士半片，黄豆芽10克
做法
①将黄豆芽洗净，放入沸水锅中烫熟，取出稍凉后切小段。
②将锅置于火上，放入糯米粥和白米粥，加热。
③放入黄豆芽和芝士，边煮边搅拌，等芝士融化后即可。

香菇肉末饭

原料　香菇1朵，瘦牛肉末、米饭各20克，紫菜少许，肉汤100毫升
做法
①香菇洗干净切碎；紫菜撕成小片后洗净备用。
②锅置于火上，放入肉汤烧开。
③将牛肉末放入沸汤锅中，煮至八成熟，再放入米饭。
④待米饭煮软后撒上香菇碎、紫菜碎煮软即可。

磨牙芝麻棒

原料　鸡蛋2个，低筋面粉250克，香蕉1根，核桃油10克，黑芝麻适量
做法
①鸡蛋、核桃油混合搅拌一下；香蕉捣成泥。
②在鸡蛋核桃油混合液中筛入面粉，再加入香蕉泥、黑芝麻，搅拌揉捏，至不黏手为止；面团不黏手后，醒半小时到1小时。
③面团揉成0.5厘米厚，切成宽1厘米的小段，捏两头扭一扭。
④烤箱预热180℃，20分钟左右，将面团烤到表面上色即可。

1~1.5岁：
营养均衡身体棒

注意
两大营养问题

营养不良

营养不良是由于营养供应不足、不合理喂养、不良饮食习惯及精神、心理等因素所致的，另外，因食物吸收利用障碍等引起的慢性疾病也会引起婴儿营养不良。

婴儿营养不良的表现为体重减轻，皮下脂肪减少、变薄。一般情况下，腹部皮下脂肪先减少，继而是躯干、臀部、四肢，最后是两颊脂肪消失而使婴儿看起来似老人，皮肤则干燥、苍白、松弛，肌肉发育不良，肌张力低。轻者常哭闹，重者反应迟钝，消化功能紊乱，可出现便秘或腹泻。

一般情况下，婴儿每日每餐的进食量都是比较均匀的，但也可能出现某日或某餐进食量减少的现象。不可强迫孩子进食，只要给予充足的水分，孩子的健康不会受损。

婴儿的食欲可受多种因素（如温度变化、环境变化、接触不熟悉的人及体内消化和排泄状况的改变等）的影响。短暂的食欲不振不是病征，如连续2～3天食量减少或拒食，并出现便秘、手心发热、口唇发干、呼吸变粗、精神不振、哭闹等现象，应去医院做检查治疗。

营养过剩

随着生活水平的提高，宝宝能量过剩的现象也越来越普遍了。这不仅影响宝宝的大脑发育，还会威胁宝宝的身体健康。能量过剩的宝宝，最明显的表现为体型肥胖，这是因为宝宝能量摄取超过消耗和生长发育的需要，体内剩余的能量转化为脂肪堆积在体内所造成的。而之所以会这样，不合理喂养是主要原因。

例如，用过多、过浓的配方奶粉代替母乳喂养；辅食添加不合理，养成宝宝不喜欢吃蔬菜，而对高脂、高糖食物偏好；喂养过于随意，未遵循定时定量、循序喂养的原则；家长为省事，降低看护难度，让宝宝缺乏足够的运动等。

那么，体重究竟是多少才算肥胖呢？宝宝的体重超过标准体重的10%为超重，超过20%为肥胖，超过40%为过度肥胖。

预防能量过剩，防治单纯性肥胖的主要方法是控制宝宝饮食并增加宝宝的运动量。控制饮食可以使吸收和消耗均衡，减少体内脂肪堆积；增加运动可以加速皮下脂肪的消耗，使肥胖逐渐减轻，还能增强宝宝的体质。

单纯性的肥胖主要是因为能量过剩，那么，瘦宝宝就肯定不用担心营养过剩了吗？答案是否定的。

瘦宝宝的体型较为瘦弱，有些父母会为他们额外补充营养，以免因为营养不良、能量不足而影响生理发育。所以，在补充营养时，一不注意，就会造成宝宝维生素、矿物质过剩，相比肥胖而言，这类型的营养过剩对宝宝的危害更大。

例如，补钙过度易患低血压，并增加宝宝日后患心脏病的危险；补锌过度可造成中毒，同时，锌还会抑制铁的吸收和利用，造成宝宝缺铁性贫血；鱼肝油过度易导致维生素A、维生素D中毒，宝宝出现厌食、表情淡漠、皮肤干燥等多种症状。

预防这类型的营养过剩，一方面，爸爸妈妈必须要知道，体型瘦弱不一定是营养不良，爸爸妈妈如果想要改善宝宝的体型，需要做的是调整宝宝的饮食，培养宝宝良好的饮食习惯。另一方面，除非有明确的缺乏，经医生确诊，才可为宝宝专门配备补充的营养素，若贸然为宝宝补充营养，非但不必要，还有可能对宝宝的健康造成威胁。

每个孩子的个体差异很大，有各自的生长轨迹，只要孩子在正常范围内生长，生长速度正常，即是正常的孩子。

宝宝饮食
宜与忌

食物依然要细、软、烂

宝宝 1 岁多时，乳牙还没长齐，咀嚼能力还是比较差的，消化道的消化功能也较差，虽然可以咀嚼成形的固体食物，但是依旧还要吃些细、软、烂的食物。

注意营养搭配

宝宝 1 岁以后，总体的营养需求量要高于婴儿期。即有主食、有菜肴，主食与菜肴分盘摆放、分别食用，不再把饭和菜混合在一个碗里吃。这样既可以锻炼宝宝的咀嚼能力，又有利于宝宝对食物中营养元素的吸收。

烹调方式影响宝宝的口味

由于从此时开始，宝宝要逐渐培养起个人的饮食习惯，以便适应日后的成人饮食。因此家长们不要过多干涉宝宝们的饮食，而是要保护宝宝先天的食物选择能力。给宝宝做菜时，蔬菜要先洗后切，切得要细一些；炒菜时尽量做到热锅凉油，避免烹调时油温过高，产生致癌物质；尽量多用清蒸、红烧和煲炖等方法，少用煎、烤等方法；口味要清淡，不宜添加酸、辣、麻等刺激性的调味品，也不宜放味精、色素和糖精等。烧烤、火锅、腌渍、辛辣等刺激性食物，不要给宝宝喂食，最好选择蔬菜、鱼肉和低盐、少油的清淡饮食。在色、香、味、形方面都要有

新意，充分调动宝宝的好奇心，促进食欲，提高进食乐趣，让他们感受到吃饭是一种乐趣，是一种美的享受。

宝宝不宜过多吃糖

如果宝宝糖分摄取过多，体内的B族维生素就会因帮助糖分代谢而消耗掉，从而引起神经系统的B族维生素缺乏，产生嗜糖性精神烦躁症状。而且糖吃多了也易得龋齿。

宝宝不宜多吃零食

吃零食过多对宝宝的健康和生长发育是非常不利的。

首先，零食吃多了，宝宝在正常的进食过程中，自然就没有食欲了，时间长了容易造成厌食的情绪。

其次，零食的营养成分是不能和主食相比的，大量食用零食会使宝宝患营养缺乏症。

此外，一些非正规厂家生产的零食，含有各种添加成分，且产品本身也难以保证质量。宝宝常吃这些零食，容易出现胃肠功能紊乱，肝肾功能也易受损。

🍂 宝宝餐食材推荐

糙 米

| 别 名 | 胚芽米、玄米 |

糙米的营养与作用

糙米中富含钙、磷等矿物质，给宝宝吃糙米，可以补充钙、磷，促进骨骼和牙齿的健康发育。

糙米中富含膳食纤维，可以促进胃肠蠕动，给宝宝吃糙米，可以防止宝宝便秘，但是人体对糙米的消化速度较慢，不易多吃。

糙米的安全问题

糙米是谷类中的一种，其主要问题便是黄曲霉素污染的问题。糙米如果在运输、储藏过程中管理不当，便容易受到黄曲霉素的污染，严重的会很明显看到糙米变色、有霉变的情况，而轻微的则是肉眼看不到的，只能经过检测得知。因此要购买检验达标、2个月内生产的糙米。

如果是买回家后糙米由于储存不当，如不密封保存、高温放置、食材囤积等都容易使糙米受到黄曲霉素的感染，同时使其随着空气扩散。因此，一旦发现霉变的糙米应立即丢弃，同时清理橱柜，避免交叉污染。

叶绿素、叶黄素能大大降低人体对黄曲霉素的吸收率，因此我们的日常膳食中应多食用蔬菜，这也是多吃绿叶蔬菜能抗癌的原因。

安全选购糙米

一看颜色	优质糙米的外表有光泽、颜色均匀。
二闻味道	优质糙米的味道有米的清香，没有其他的异常味道。
三试手感	优质糙米摸上去没有粉屑感，也不油腻，不易碎。

苦瓜

| 别名 | 凉瓜、癞瓜 |

苦瓜的营养与作用

苦瓜中含有大量维生素C、苦瓜素等成分，给宝宝食用苦瓜，可以提高宝宝的免疫力。

苦瓜虽然有清热解毒的功效，但苦瓜性凉，多食易伤脾胃，所以脾胃虚弱的宝宝要少吃苦瓜。

苦瓜具有养颜润肤的作用，爱吃苦瓜的宝宝，皮肤会更加白皙润滑。宝宝第一次接触苦瓜的苦味可能有些不适应，有的宝宝天生对苦瓜的苦味不敏感，甚至很喜欢，而有的宝宝则会比较抗拒，妈妈们不要强硬要宝宝尝试，可以通过改变烹饪方式，减弱苦瓜的苦味喂食。

苦瓜的安全问题

苦瓜中含大量的草酸，而草酸会妨碍人体对钙的吸收，因此，在给宝宝吃苦瓜之前最好先将苦瓜在沸水中烫一下，以去除草酸。食用钙制品或其他补充钙元素的食物后，最好不要接着给宝宝食用苦瓜，以免妨碍钙的吸收，白白浪费了。

安全选购苦瓜

一看表皮	苦瓜表皮凹凸不平的颗粒越大越饱满，纹路较清晰，说明苦瓜果肉较嫩、较厚、苦味较小。如果颗粒比较小且较为密集且无规则排列，说明瓜肉相对较薄，苦味更重一些。
二挑外形	挑选时最好挑选类似于大米形状的苦瓜，两头尖，瓜身直，这一类的苦瓜品质较好。
三挑颜色	新鲜苦瓜呈翠绿色，光泽度较好，如果表面颜色发黄，光泽度下降，表明苦瓜已经老了，瓜肉不脆。
四挑重量	在购买苦瓜时，过轻或者过重的都不是很好，过轻生长时间不够，过重生长周期过长。

丝瓜

别名 布瓜、绵瓜、絮瓜

丝瓜的营养与作用

丝瓜中的维生素C、维生素E的含量较高，可以促进宝宝大脑的健康发育。

丝瓜有很好的化痰作用，宝宝因上火或感冒而导致痰多，喝丝瓜汤可以有效的祛痰。

丝瓜还具有很强的抗过敏作用，给宝宝吃丝瓜，可以增强宝宝的抗过敏能力，常吃丝瓜可有效缓解过敏性哮喘的症状。

丝瓜性凉，将丝瓜捣汁内服，有凉血解毒的作用。夏季给爱生痱子的宝宝吃丝瓜，有很好的止痱子的功效。

丝瓜的安全问题

建议在购买丝瓜时要根据食用的多少，少量多次购买，避免长时间存放。

当储存过久或者储存条件不当时，丝瓜会发生腐败变质的现象。这时会集聚糖苷生物碱这一物质，食用后会导致头晕、恶心、腹痛和腹泻等食物中毒症状。

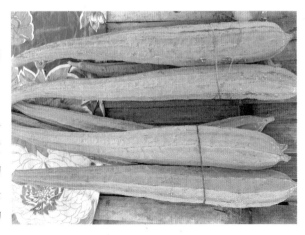

安全选购丝瓜

一挑形状	要挑选外形均匀的丝瓜，一头或两头局部肿大的不宜选购。
二看表皮	看丝瓜表皮有无腐烂和破损，新鲜的丝瓜一般都带有黄花，尽量选择这一类的丝瓜。
三观纹理	观察丝瓜的纹理，新鲜较嫩的丝瓜纹理细小均匀。如果纹理明显且较粗，说明生长周期较长，丝瓜较老。
四看根部	新鲜的丝瓜根部结实，水分充足，较为直挺。而放置时间较长的丝瓜根部水分丧失，顶部黄花已经脱落。
五触手感	新鲜的丝瓜有弹性，不柔软，整体较为充盈，果皮紧致有弹性。采摘放置时间较长的丝瓜基本没有弹性，质感也比较软。
六看色泽	新鲜的丝瓜颜色为嫩绿色，有光泽。老的丝瓜表面光泽度较差，且纹理出黑斑相对较为明显。

冬瓜

别名	白瓜、白冬瓜

冬瓜的营养与作用

冬瓜含有除色氨酸外的其他7种人体必需氨基酸，谷氨酸和天门冬氨酸含量也较高，还含有鸟氨酸和Y—氨基丁酸以及儿童特需的组氨酸。营养丰富而且结构合理，营养指数计算表明，冬瓜是有益健康的优质食物之一。

冬瓜有良好的清热解暑功效，夏季多吃些冬瓜不但解渴、消暑、利尿，还可使宝宝免生疔疮。

安全选购冬瓜

一挑外皮	在挑选的时候看一下冬瓜的外皮是否有划痕或破损，挑选表皮光滑，完好无损的冬瓜为宜。
二挑颜色	大多数的冬瓜外皮呈墨绿色，有的冬瓜表面会附着一层白霜，这类冬瓜较为新鲜。
三看重量	在挑选的时候可以同样大小比重量，挑选重一些的为宜。
四看质地	挑选质地较硬的为好，这样的冬瓜新鲜度较好。如果质地较软，说明存放时间长，新鲜度有所下降。

豌豆

别名	雪豆、寒豆、青豆

豌豆的营养与作用

豌豆中含有丰富的膳食纤维，可以有效促进肠道蠕动，有助于预防宝宝便秘。

豌豆中含有丰富的维生素C，给宝宝吃豌豆，可以补充体内的维生素C，促进对铁的吸收，有效预防宝宝贫血。

豌豆中含有丰富的铜、铬等矿物质，有助于宝宝的骨骼发育，促进宝宝健康成长。

安全选购豌豆

一看外观	选择子粒饱满，色泽鲜绿，没有虫蛀的好豌豆。这种豌豆口感佳，营养价值高。
二看颜色	剥开豌豆，如果豌豆肉和表皮一样是绿色的，则是好的豌豆；如果豌豆肉的颜色稍微发白，则有可能是外表染过色的豌豆。
三听声音	选购带有豆荚的豌豆时，抓一把豆荚，看能不能弄得豆荚声音作响，如果有响声则是较好的豌豆。
四感质地	用手捏豌豆，较老的豌豆要比新鲜的豌豆更硬一些。新鲜豌豆的豆肉不会明显分开，而老豌豆的两瓣豆肉会自然分开。

茄子

别名	茄瓜、白茄、紫茄

茄子的营养与作用

茄子是为数不多的紫色蔬菜之一，在它的紫皮中含有丰富的维生素P和维生素A原，能够增强毛细血管的弹性，防止小血管出血，给宝宝吃茄子可以预防心血管疾病。因此，在烹饪茄子的时候最好不要削皮，以免损失了大量的营养成分，只需要把茄子清洗干净即可。

茄子富含膳食纤维，能阻止脂肪沉积在体内，可降脂排毒，有效控制肥胖宝宝的体重。

茄子中含有的维生素C，有抗衰老的作用，可以维持宝宝皮肤的弹性。

茄子的安全问题

茄子切开后为什么会变黑呢？通常情况下茄子切开后是白色或淡黄色，但是暴露在空气中一会儿就会变黑，有人认为这是"毒素"在起作用，其实是因为茄子中含有一类"酚氧化酶"的物质，遇氧后会发生化学变化，产生一些有色物质。

大家常说的毒素其实是一种名为"茄碱"的物质，虽然茄子中含有这样一种物质，但是正常情况下摄入茄子的量远远不够中毒所需要的量，所以妈妈们大可放心。

茄子很容易吸油，在烹饪茄子的时候如果担心茄子吸油而导致宝宝油脂摄入过量，我们可以先将茄子放在蒸锅里蒸一下，之后再炒、炖，蒸过的茄子吸油量较少；也可以将茄子直接放在锅里用小火炒一下，等到茄子的水分被炒干，再放油进去，这样吸油量比较少。

安全选购茄子

一看颜色	新鲜的茄子外皮应呈紫红色或者黑紫色，色泽度较好。如果茄子较暗淡，出现褐色斑点，说明茄子较老或即将坏掉。
二看花萼	在花萼与果实相连接处，有一条白色略带淡绿色的条状环，这个环状越大越明显，说明茄子越嫩，口感越好，反之茄子的品质和口感就会差一些。
三看外观	品质较好的茄子粗细均匀，没有斑点、裂口及外伤，如果遇到茄子皮褶皱，或者弹性较差说明茄子已经放置较长时间，尽量不要购买。
四触手感	新鲜的茄子软硬适中，较有弹性；新鲜度差或者放置时间过久的茄子皮质松软，没有弹性。

猪 肉

| 别名 | 豕肉、豚肉、彘肉 |

猪肉的营养与作用

　　猪肉中含有蛋白质和动物类脂肪，蛋白质的主要来源是奶类、豆制品，除此之外，肉类也是其重要来源之一，所以宝宝应当食用猪肉。

　　猪肉中含有丰富的铁，宝宝在成长过程中对铁的需求量也日益增大，因此通过给宝宝吃猪肉，也可以补充宝宝对铁的需求，当然还包括其他的营养物质。

猪肉的安全问题

长期食用含有荷尔蒙残留物的猪肉, 会造成内分泌失调, 对青少年与孕妇产生不良影响。倘若还含有瘦肉精残留物, 则会引发头晕等症状, 破坏神经系统。

不要一味追求食品的外观, 比如肉食要选择颜色和香味正的, 不要选择颜色过于鲜艳, 香味过于浓郁的肉食。

购买食品不要盲目跟风, 也不要轻信他人, 虽然有一些问题食品出现, 但大多数的食物还是比较安全的, 消费者要随时保持一个清醒的头脑。

安全选购猪肉

一看颜色	新鲜猪肉肉质紧密, 富有弹性, 皮薄。膘肥嫩、色雪白, 且有光泽。瘦肉部分呈淡红色, 有光泽。不新鲜的肉无光泽, 肉色暗红, 切面呈绿、灰色。而死猪肉一般放血不彻底, 外观呈暗红色, 肌肉间毛细血管中有紫色淤血。还有一种是米猪肉, 它的特点是瘦肉中有呈椭圆形、乳白色、半透明水泡, 大小不等, 从外表看, 像是肉中夹着米粒。
二闻气味	新鲜肉的气味较纯正, 无腥臭味; 而不好的肉闻起来有难闻的气味, 严重腐败的肉有臭味, 切记不宜购买、食用。
三摸手感	若表面微干或略显湿润, 不黏手者为好肉; 而肉质松软, 无弹性, 黏手的则是不好的肉。

正确鉴别死猪肉

猪的很多疾病都会传染给人类，比如钩虫病、口蹄疫等；猪病死后，有害病毒和细菌并没有死去，食用或接触死猪肉均可能染上这些疾病，给宝宝身体健康带来威胁。

所以，我们在购买猪肉的时候，一定要充分辨别，买到放心的猪肉。

一看颜色	正常的猪肉肉色为粉红色；病死的、不新鲜的猪肉颜色发深色甚至黑色。
二闻气味	正常的猪肉无怪味；但是病死猪的肉会有刺激性气味甚至臭味。
三摸猪肉	正常猪肉摸起来有点黏手；但病死猪的肉一般摸起来会有水，而且有松弛感。
四看淋巴	如果淋巴出现外翻、水肿、充血等不正常问题，证明猪肉是有问题的，不宜选购。

草莓

| 别名 | 洋莓果、红莓 |

草莓的营养与作用

草莓中含有多种有机酸，能够分解食物中的脂肪，促进消化液分泌和胃肠的蠕动，增进宝宝的食欲，帮助消化吸收食物，预防宝宝便秘。

此外，草莓还有助于胃肠的排泄，排除体内多余的胆固醇和有害的重金属物质，提高宝宝免疫力，使宝宝健康成长。

草莓中所含的胡萝卜素是合成维生素A的重要物质，其对保护眼睛视力、缓解眼睛疲劳十分有帮助，有明目养肝的作用。

草莓中富含的维生素C的作用也很大，不仅能补充宝宝对维生素C的需要，对皮肤的抗氧化、大脑的智力发育也起重要作用。

草莓的安全问题

草莓会涉及到使用激素膨大果实的食品安全问题。妈妈在选购时一定要仔细挑选。

选择草莓大小适中，色泽明亮，籽粒饱满，并且没有白心的草莓。

个大的草莓并不一定是使用了激素，自然生长的草莓也会出现较大的，如名为"红颜"的草莓品种，个头就比一般品种的草莓要大。但市面上大部分个大的草莓是使用了膨大剂。

膨大剂既能使草莓个头增大，又可以缩短草莓的生长周期，使草莓提前上市。膨大剂是经过国家批准使用的一种植物生长调节剂，对植物可产生助长、速长的作用。膨大剂喷洒到草莓上，会在草莓内有残留，人吃后就会进入体内。目前尚无科学实验证明膨大剂对人体有什么危害，但从人体营养学和绿色食品的角度而言，建议最好食用自然长大的草莓。尤其是宝宝应该避免过多食用添加了膨大剂的草莓。

此外，草莓还会有农药残留问题，这就要求在清洗草莓时要去除农残。清洗草莓时先不要去掉叶头，放入水中浸泡 15 分钟，这样可以让大部分农药随着水溶解。然后再在清水下洗干净即可。注意不要把草莓蒂摘掉，去蒂的草莓若放在水中浸泡，残留的农药会随水进入果实内部，造成更严重的污染。

安全选购草莓

一看外形	草莓体积大而且形状奇异的，不宜选购，有可能是用激素催生出来的产品。普通的草莓形状比较小，呈较规则的圆锥形。
二看颜色	正常草莓颜色均匀，色泽红亮。非正常草莓颜色不均匀，色泽度很差。
三看籽粒	正常的草莓表面的"芝麻粒"应该是金黄色。同时如果表面有白色物质不能清洗干净的草莓也不要挑选购买，很多草莓往往在病斑部分有灰色或白色霉菌丝，发现这种病果切不要食用。
四看内部	正常草莓的内部是果肉鲜红，没有白色中空的现象。激素催生的草莓是中空的，而且有的还是非常白的。
五闻气味	好的草莓比较清香，有草莓特有的清香味道。而激素草莓的味道就比较奇怪，或者草莓的味道特别重。
六尝味道	好的草莓甜度高且甜味分布均匀。激素草莓吃起来寡淡无味、闻着不香。

西瓜

别名	寒瓜、夏瓜

西瓜的营养与作用

　　西瓜清甜多汁，含有大量的水分，在夏季给宝宝吃西瓜，有清热解暑，除烦止渴的作用。西瓜汁还有美容养颜的作用，西瓜汁同西瓜皮一样，只是一个内服一个外敷，它们都能够增强人体皮肤的弹性，增加皮肤的光泽。

　　西瓜含有丰富的钾，夏季人们由于流汗而带走的钾可以通过食用西瓜得到补充，避免由于缺乏钾而引起的疲劳感，让宝宝充满活力。

　　宝宝吃西瓜后尿量会明显增加，可以有效减少胆色素的含量，并可以使宝宝大便通畅，对治疗宝宝黄疸很有帮助。

西瓜的安全问题

西瓜的食品安全问题主要是一些不法商贩会用针管向西瓜里注射食品添加剂，如甜蜜素和胭脂红。这样会使得西瓜颜色好看，多汁水，但实际上这样的瓜一点香甜味都没有。我们在挑选西瓜的时候，就应该多敲一敲，看一看，别买了注射食品添加剂的西瓜。

西瓜是夏季的水果，冬季不宜多吃。吃西瓜时尽量选择熟透、新鲜的西瓜，为了宝宝的肠胃健康，给宝宝吃的西瓜一定要把西瓜籽弄净，以免发生便秘或瓜籽误入气管，发生危险。

有的妈妈担心西瓜寒凉，宝宝吃了会拉肚子，其实只要控制好宝宝食用西瓜的量是不会拉肚子的，如果宝宝还小，则先从添加西瓜汁开始。不要给宝宝吃冰镇的西瓜。

安全选购西瓜

一看底部	西瓜底部的圆圈越小越甜，圆圈越大越不甜。
二看蒂部	新鲜弯曲的是新鲜的，干瘪的表示时间很久，瓜不新鲜。
三看纹路	西瓜的纹路清晰，光鲜滑亮，是比较好的瓜。如果瓜的一边出现较大范围黄色果皮，这个瓜就不甜。
四听敲瓜的声音	如果敲起来是嘭嘭响声，则表示瓜比较好。如果是当当清脆响声的是生瓜，不宜选购。

桃子

别名	佛桃、水蜜桃

桃子的营养与作用

桃子中的含铁量为水果之冠，铁是人体造血的主要原料，因此给宝宝食用桃子，以此来补充铁，对于防止宝宝贫血，促进生长发育有重要作用。

此外，桃子还含有多种维生素、果酸、钙、磷等营养物质，营养价值很高。但是1岁之前的宝宝不能吃桃子，因为桃子中含有大量的大分子物质，1岁之前的宝宝没有办法消化吸收，且容易造成过敏反应，所以桃子最好给1岁之后的宝宝食用。第一次喂宝宝吃桃子的时候，也要先少量多次地喂食，仔细观察宝宝是否有过敏反应。

桃子的安全问题

桃子的外皮层有一种绒毛，有一些不法商贩会用洗衣粉清洗桃子外表，将绒毛洗去，这样的话桃子看上去光亮漂亮更吸引人。但是这样的桃子对人体健康有很大危害，食用后会出现呕吐、腹泻等症状。选购的时候，可以摸一摸有没有绒毛，闻一闻有没有洗衣粉残留的味道，多留心眼儿，挑绒毛多、颜色不过于鲜亮的桃子，才比较安全。

虽然绒毛多的桃子比较安全，但是绒毛如果没有清洗干净，很容易引起腹泻，因此我们要学会如何有效地去除桃子表皮的绒毛。

去除桃子表皮的绒毛的方法有：可以先用干净的刷子在桃子表面刷一遍，之后再放入盐水中清洗；将桃子浸泡在盐水中片刻后，用盐水搓洗掉；在水中放入食用碱，把桃子浸泡在水中后，再清洗；将桃子放入开水中浸泡1分钟左右，把桃子皮完全剥离开也是一种方法等。

安全选购桃子

一看外观	选购桃子时以果实体型大，形状端正，外表无虫蛀斑点、色泽鲜艳，桃子顶端和向阳面微微红色，手感不过硬或者过软的为优选。
二看果肉	果肉白净，粗纤维比较少，肉质柔软并与果核粘连，皮薄易剥离的桃子为佳。如果果肉色泽暗淡，粗纤维多，果肉硬朗不易剥离，则不宜选购。
其他	对于油桃品种，还可以闻气味，桃香味越浓表示成熟度越高，否则还不够成熟。水蜜桃可以选择比较柔软一点的，水分比较足，甜度高。

❧ 健康宝宝餐这样做

西瓜草莓汁

原料 去皮西瓜150克，草莓50克，柠檬20克

做法

①将去皮的西瓜洗净切块。

②将洗净的草莓去蒂，切小块，待用。

③将西瓜块和草莓块倒入榨汁机中，挤入柠檬汁，注入100毫升凉开水。

④盖上盖，启动榨汁机，榨约15秒成果汁。

⑤断电后将果汁倒入杯中即可。

炒三丁

原料 鸡胸肉50克，茄子50克，豆腐1块，水淀粉、食用油、香菜末各适量

做法

①将鸡胸肉切丁后用水淀粉抓匀，茄子、豆腐均切丁。

②炒锅内加入食用油，油热后先将鸡肉丁炒熟。

③然后加入茄子丁、豆腐丁翻炒片刻，加少许水焖透。

④放入香菜末，起锅后即可。

茄丁炒肉末

原料 鲜里脊肉50克，茄子100克，葱花、水淀粉、食用油各适量

做法

①将茄子洗干净，去掉皮，切成丁；鲜里脊肉切成丁，用水淀粉抓匀。

②炒锅烧热，放入食用油，油热后将茄丁炒黄，取出备用。

③锅底留少许油，炒香葱花，再放入里脊肉丁，翻炒至肉丁颜色发白；加入熟茄丁和少许水，小火焖3分钟即可起锅。

丝瓜蛋花汤

原料 丝瓜150克，虾皮少许，鸡蛋1个，骨头汤150毫升，葱花少许

做法

①丝瓜刮去外皮，洗净、切片。

②虾皮洗净后用温水泡软洗净；鸡蛋打散备用。

③将骨头汤和虾皮一起放入锅中烧沸。

④再放入丝瓜片煮熟、煮软，将蛋液倒入汤中煮开，撒上葱花调味即可。

冬瓜海米汤

原料　冬瓜300克，海米20克，高汤、食用油各适量

做法

①将冬瓜洗净，去掉皮和瓤，切成片。

②将海米洗净，再用温水泡软，沥干水分。

③锅中注油，烧热后，爆香海米，煎香后放入高汤和冬瓜片煮至半透明。

苦瓜粥

原料　苦瓜20克，大米50克

做法

①将苦瓜洗净，去瓤后切成小块，待用。

②将大米洗净，放入清水中浸泡1小时。

③将大米加水煮沸后，放入苦瓜块，煮至米烂汤稠；如果担心苦味太重，可少放一点苦瓜。

丝瓜粥

原料　丝瓜50克，大米40克，虾皮适量

做法

①丝瓜刮去外皮，洗净、切块。

②将大米洗好，用水浸泡30分钟，备用。

③大米倒入锅中，加水用大火煮沸后成粥。

④待大米粥将熟时，加入丝瓜块和洗净的虾皮同煮，烧沸至入味即可。

豌豆粥

原料　大米40克，豌豆15克，鸡蛋1个

做法

①将大米、豌豆洗净后，放入清水中浸泡30分钟。

②锅中注适量清水后，再把大米和豌豆放入锅中。

③用大火煮沸后，再转小火慢慢煮至熟烂。

④把鸡蛋打散成蛋液，慢慢倒入锅中，搅匀，稍煮片刻即可。

杂豆糙米粥

原料 水发糙米175克，水发绿豆100克，水发黑豆50克，水发红豆40克，水发花豆65克

做法

①砂锅中注入适量清水烧热，倒入洗净的糙米、绿豆。

②将洗净的花豆、黑豆、红豆倒入砂锅中。

③盖上盖，烧开后用小火煮约45分钟，至食材熟透。

④关火后盛出煮好的糙米粥，稍稍冷却后食用即可。

青豆鸡蛋猪肉粥

原料 猪肉100克，青豆10粒，米半杯，鸡蛋黄半个

做法

①将蛋黄压成蓉状备用。

②将青豆洗干净备用；米洗干净浸30分钟。

③将猪肉洗干净，一半切成片，一半切碎，备用。

④将米及猪肉片放入炖盅，注入1碗热水，隔水炖2小时。

⑤粥煮成前30分钟下入猪肉碎、青豆。

⑥出锅前10分钟加蛋黄蓉即可。

肉末软饭

原料 肉末（鸡肉或小里脊肉）20克，熟米饭1碗，油菜叶末少量，食用油少量

做法

①肉末洗净，沥干水分，待用。

②炒锅烧热后，放入食用油，油热后放入肉末煸炒至熟。

③加入适量的米饭翻炒炒匀，再加入油菜叶末翻炒数分钟，起锅即可。

自制肉松

原料 猪后腿肉2块，大料2袋，葱、姜各少许，食用油适量

做法

①先把肉敲松，切成若干块，放入微波炉5分钟。

②锅中放水、葱、姜、大料，再放入微波炉转过的肉块大火烧开后，转小火煮1个小时左右。

③用擀面棒把肉弄碎，马上放油锅中，用中小火不停翻炒，炒到肉全干，马上摊开凉凉。

④冷却后，装在可以密封的罐子中即可。

Part

7

1.5~2岁：
合理膳食脾胃好

给宝宝的
合理膳食

粗细粮应合理搭配

　　1～3岁是宝宝发育最快的年龄段之一。在这阶段，合理、平衡的膳食对他们是十分重要的。合理的营养是健康的物质基础，而平衡的膳食是合理营养的唯一途径。在平衡膳食中，粗细粮搭配十分重要，可又往往被一些家长所忽视，由于有些家长没有吃粗粮的习惯，宝宝也很少吃到粗粮。在宝宝的饮食中合理、适量地加入粗粮，可以弥补细粮中某些营养成分缺乏的不足，从而实现宝宝营养均衡全面。

　　细粮的成分主要是淀粉、蛋白质、脂肪，维生素的含量相对较少，这是因为粮食加工得越精细，在加工的过程中维生素、矿物质和膳食纤维的损失就会越大，就会越容易导致营养缺乏症。在幼儿饮食中搭配一点粗粮，不仅关系到他们现在的成长，还影响到以后的健康。

蔬果均不能少

有些宝宝不爱吃蔬菜，一段时间后，不仅营养不良，而且很容易出现便秘等症状。有些妈妈在遇到这种情况后，就想用水果代替蔬菜，以为这样可以缓解宝宝的不适，然而，效果却并不明显。

从营养元素上来说，水果是不能代替蔬菜的，蔬菜中富含的纤维，是保证大便通畅的主要营养之一，同时，蔬菜中所含的维生素、矿物质也是水果所不能替代的。因此，为了保证宝宝身体健康，蔬菜的摄入是必须的，如果宝宝不喜欢吃，妈妈可以用一些小方法，将蔬菜混合到宝宝喜欢的菜食中，如将蔬菜切碎和肉一起煮成汤，或做成菜肉馅的饺子等。

汤泡饭需禁止

有些妈妈认为汤水中营养丰富，而且还能使饭更软一点，宝宝容易消化，因此，常常给宝宝喂食汤泡饭。其实，这样的喂食方法有很多弊端。首先，汤里的营养不到10%，而且，大量汤液进入宝宝胃部，会稀释胃酸，影响宝宝消化吸收。

其次，长期食用汤泡饭，会养成宝宝囫囵吞枣的饮食习惯，影响宝宝咀嚼功能的发展，养成不良的饮食习惯和生活习惯，还会大大增加宝宝胃的负担，可能会让宝宝从小就患上胃病。最后，汤泡饭，很容易使汤液和米粒呛入气管，造成危险。

另外，边吃饭边喝水或奶，也是很不好的习惯，所达到的效果和汤泡饭是一样的，都会影响消化液分泌，冲淡胃液的酸度，导致宝宝消化不良。加上宝宝脾胃发育相对较弱，免疫细胞功能较弱，长期下去，不但影响饭量，还会伤及身体。

勿让宝宝进食时含饭

有的宝宝吃饭时爱把饭菜含在口中，不嚼也不吞咽，俗称含饭。这种现象往往发生在婴幼儿期，最大可达6岁，多见于女孩，以家长喂饭者为多见。发生原因是家长没有从小让宝宝养成良好的饮食习惯，不按时添加辅食，宝宝没有机会训练咀嚼功能。这样的宝宝常因吃饭过慢过少，得不到足够的营养素，营养状况差，甚至出现某种营养素缺乏的症状，导致生长发育迟缓。家长只能耐心地教育，慢慢训练，可让宝宝与其他宝宝同时进餐，模仿其他宝宝的咀嚼动作，随着年龄的增长慢慢进行矫正。

❖ 宝宝餐食材推荐

黑米

别名	血糯米

黑米的营养与作用

黑米中含有较多的维生素和多种矿物质，具有很好的补充体内维生素和矿物质的作用，能促进宝宝的生长发育，让宝宝健康成长。

黑米中还含有丰富的蛋白质，在机体新陈代谢过程中起重要作用，有利于增强免疫力，提高宝宝的抗病能力，让宝宝少生病。

黑米在中国传统医学上还有滋阴补肾、健脾暖胃的作用，容易长白头发的人会通过吃黑米、黑芝麻以滋润头发，使头发保持乌黑，同样通过给宝宝吃黑米，也能使宝宝拥有一头乌黑亮丽的头发。

黑米的安全问题

一把黑米，用水浸泡一下，然后将水倒入两个杯子中，其中之一加入白醋，如果颜色变红，则为真黑米，如果不变则为染色黑米。另外一个加入小苏打，颜色变为暗蓝色，则为真黑米，不变色则为染色黑米。

这是因为黑米中含有花青素，利用花青素遇酸变红、遇碱变蓝的原理进行鉴别的。此法同样适用于真假黑豆、黑芝麻的鉴别。

安全选购黑米

一看米心	将黑米一咬两半看米心，若米心是白色的，则是正常的黑米。如果米心是黑色的，则代表是经过染色的黑米，在浸染的过程中会渗透到米心当中去。
二看光泽	正常生长的黑米是光泽鲜亮的，而劣质染色的黑米是没有光泽的，比较暗沉的。
三看泡水	正常黑米泡出来的米水是紫红色的，稀释以后还是这种颜色。如果泡出来的颜色是像墨汁一样黑色的，就是染色的黑米。

花 菜

| 别名 | 菜花、花椰菜 |

花菜的营养与作用

花菜中维生素C的含量极高，给宝宝吃花菜，能够补充维生素C，可以预防感冒和坏血病的发生，同时有利于增强宝宝机体的免疫力，促进肝脏解毒，使宝宝健康成长。

花菜中的矿物质含量也很丰富，可以补充人体对矿物质的需求，促进宝宝的健康成长发育。

安全选购花菜

一看颜色	新鲜花菜呈嫩白色或乳白色，有的花菜颜色会微黄。如果花菜呈深黄色或者已有黑色斑点，表明花菜已经不新鲜或者放置时间过长。
二看花球	在选择时应尽量选择空隙小的，花球紧密结实、尚未散开的。已经散开的花菜表明过老或时间过长。
三看叶子	新鲜的花菜叶子呈翠绿色，全部展开叶子的花菜比较新鲜。若叶子已经萎缩甚至枯黄，说明花菜已经不新鲜。

芦笋

别名	石刁柏、青芦笋

芦笋的营养与作用

芦笋中含有膳食纤维，可以促进肠胃蠕动，防止宝宝便秘，因此当宝宝便秘的时候，妈妈们可以给宝宝煮芦笋吃。当然了，芦笋只是作为一种辅助食物，光吃芦笋是不行的，根据便秘的情况、持续时间，还是要给宝宝看医生吃药的。

芦笋中营养物质丰富，其中含有丰富的硒物质，这是一种抗癌物质，此外，还有叶酸、核酸等物质，这些物质使芦笋具有很强的抗癌功效，深受人们的喜爱。适当地给宝宝吃芦笋，可以帮助宝宝预防癌症，促进宝宝健康生长发育。

芦笋的安全问题

芦笋因可口的味道和较高的营养价值深受人们的喜爱，但是人们在选购芦笋后往往会担心农药残留的问题。如何才能让我们吃得更放心呢？

首先，芦笋不可以生吃，因此需要经过烹煮。在烹调之前应用流水充分洗净，将残留在表面的农药冲洗干净。若菜品为凉拌，应先将其放置在沸水中焯水后再食用，若为其他烹调方式，应注意高温烹调后再食用。

此外，芦笋不宜长时间保存，一般放置超过1星期就不要再食用了。

安全选购芦笋

一看粗细	新鲜成熟的芦笋底部直径在1厘米左右。
二看长短	过长的芦笋生长周期比较长，成熟度老；过短的芦笋生长周期比较短，太嫩；长度在20厘米左右的芦笋鲜嫩程度比较好一些，口感相对较好。
三看弹性	用手轻掐芦笋的根部，如果容易将表皮掐破且有水分，说明芦笋的新鲜程度较好。
四看花头	在挑选芦笋时应该选择芦笋上方的花苞没有张开的，若花苞已经张开说明生长周期相对较长，鲜嫩程度相对差一些。

银耳

| 别名 | 白木耳、雪耳 |

银耳的营养与作用

　　银耳作为一种药食两用的食材，其具有滋阴润肺的功效，通过烹煮成汤水给咳嗽或感染上呼吸道疾病的宝宝食用，有助于缓解宝宝咳嗽、痰多的症状，提高宝宝的免疫力，从而增强体质，早日恢复健康，不再轻易生病。

　　银耳对于脾胃有双向的保护作用，银耳中含有的膳食纤维能够促进胃肠的蠕动，可以缓解便秘的症状，而腹泻的宝宝也可以食用一点银耳以缓解症状。

银耳的安全问题

银耳作为传统的滋补品受到了百姓们的喜爱，但是有些不法商贩为了谋求利益，使用非法手段加工银耳，给消费者的身体健康带来隐患。不法商贩为了使银耳更美观，更吸引消费者的目光，使用"硫黄熏蒸"的办法，硫黄燃烧产生的二氧化硫具有漂白作用，使银耳看起来更为"美观"。但是过量使用硫磺熏蒸会使残留超标，长期摄入二氧化硫会刺激胃肠，引起恶心、呕吐等现象。在购买银耳时一定注意挑选，食用之前用温水充分泡发、洗净，择除其杂质。银耳应保存在通风、避光处，尽量避免长时间存放。

安全选购银耳

一看颜色	银耳因其色泽而得名，但是选购的时候并不是越白的银耳越好，应选择略微带黄色的。
二闻味道	干银耳如果是被化学物质熏蒸过，则会存在异味。
三触质感	优质的银耳质感较为柔韧，不易断裂。
四看大小	优质的银耳间隙均匀，质感较为蓬松，肉质较为肥厚，没有杂质、霉斑和严重破损。

紫菜

| 别名 | 紫英、索菜、子菜 |

紫菜的营养与作用

紫菜中含碘量很高，人缺碘的话容易患甲状腺肿大。给宝宝吃紫菜，满足机体对碘的需求，防止甲状腺肿大，但是也不要吃得太多，以免补碘过多，应掌握好每次食用的量。

紫菜中还含有丰富的铁、锌、硒等矿物质，这些物质可以满足人体对矿物质的需求。给宝宝吃紫菜，可降低因矿物质缺乏而导致疾病的发生率。

紫菜中含有的多糖物质，具有增强免疫功能的作用。给宝宝吃紫菜，有利于提高宝宝的免疫力。且这些多糖物质有很好的抗癌作用，可以预防癌症，促进宝宝的生长发育，使宝宝健康成长。

紫菜中还含有牛磺酸，可以降低有害胆固醇，保护宝宝的肝脏。

紫菜的安全问题

紫菜的营养丰富，含碘量高，因此在市面上备受欢迎。紫菜收获的时候是一茬接一茬的，用行话来说就是一水一水的。一水（第一次收获），这时收上来的紫菜外观鲜嫩、口感美味，往后则为二水、三水、四水，越往后紫菜的质量越一般。有些不法商贩会通过给较老的紫菜染色或用低价的海藻染色后冒充鲜嫩紫菜售卖，抬高单价，食用这样的紫菜容易对身体造成损害，甚至导致重金属中毒。

安全选购紫菜

一闻	如果紫菜有海藻的芳香味，说明紫菜质量比较好，没有污染和变质；如果有腥臭味、霉味等异味，则说明紫菜已经变得不新鲜了。
二看	如果紫菜薄而均匀，有光泽，呈紫褐色或紫红色，则说明紫菜质量良好；如果紫菜厚薄不均，光泽度差，呈红色并夹杂有绿色，则说明紫菜质量较差。
三摸	以干燥、无沙砾为良质紫菜。如果有潮湿感，说明紫菜已经返潮；如果摸到沙砾，说明紫菜杂质太多。这两种情况都说明紫菜质量较差。
四泡	优质紫菜泡发后几乎见不到杂质，叶子比较整齐；劣质紫菜则不但杂质多，而且叶子也不整齐。而看上去为黑紫色的干紫菜，如果经泡发后变为绿色，则说明质量很差，甚至是其他海藻人工上色冒充的。而变色的紫菜不宜食用。但如果所购买的紫菜包装注明是烤制紫菜，其色泽会是绿色的，因为紫菜烤制时藻红素会丢失。烤制紫菜虽然宜于较长时间存放，但在加工过程中营养损失较大，因而也不宜食用。

海带

| 别名 | 昆布、江白菜 |

海带的营养与作用

海带中碘的含量很高，人体如果缺碘的话会患甲状腺肿大，因此我们可以通过吃海带补充碘。此外海带中还含有钙、铁、锌等矿物质，对宝宝的骨骼生长发育很有帮助，能够促进宝宝健康成长，给宝宝吃海带，有助于防止矿物质缺乏而导致疾病的发生。

海带的安全问题

为了使海带碧绿鲜嫩，博得消费者眼球，某些不良商家会用化工色素泡制海带，甚至添入"连二亚硫酸钠"以保持海带鲜嫩的颜色。如果这种化学海带食用过量，会影响人体对钙的吸收，破坏B族维生素，引发腹泻等症状。因此在选购的时候妈妈们要擦亮双眼，安全、正确选购。

正常海带的颜色是褐绿色或者土黄色，而如果出现翠绿色的海带，可能就是经过添加色素浸泡而成的，需要格外注意，不能选购。

没有经过漂染的海带，海鲜的味道比较浓厚。经过漂染处理的海带，其味道就会变淡，出现染色剂的刺鼻味道。

褐绿色的海带挑选黏性大的，墨绿色的海带经过加工后，就没有黏性了。如果是经过处理的海带，摸起来是没有韧性的。

安全选购海带

一看完整性	将海带卷打开，看看海带是否完整，叶片是不是厚实。如果海带比较小而且比较碎，就不要选购。
二看表面	因为海带是含碘最高的食品，另外还含有甘露醇。它们都是呈白色的粉末状附在海带的表面。不要以为这是劣质霉变的海带，没有任何白色粉末的海带才是我们需要注意的，不要进行选购。
三看厚度	海带叶宽厚、色泽浓绿或者无枯黄叶，就是优质海带。并且手摸无黏手的感觉。
四看小孔	如果海带表面有小孔洞或者大面积的破损，则代表海带出现过虫蛀或者霉变的情况，不能选购。

西红柿

别名	番茄、番李子、洋柿子

西红柿的营养与作用

　　西红柿味道酸甜，可以刺激人体胃液的分泌，促进胃肠蠕动，不仅可以增进宝宝的食欲，还能够增强宝宝对食物的消化吸收，让宝宝摄入更多有效的营养物质，有利于生长发育。同时，还能够预防便秘。

　　西红柿中富含维生素和矿物质，可以补充人体的需求，提高宝宝的免疫力，降低宝宝腹泻的发生率，让宝宝健康成长。

西红柿的安全问题

我们都知道西红柿是一种营养丰富的果蔬，其中的番茄红素对我们的身体有着很大的好处，但是值得注意的是，食用未熟透的西红柿可能会引发食物中毒。

青西红柿尚未熟透，含有龙葵碱，这时的营养作用较差，人体在大量摄入后，会产生头晕、恶心或者腹泻等中毒症状。成熟的西红柿在购买的时候底部也会有一些青色，大家对这样的西红柿不必过多担忧。买回去的西红柿在食用之前应用流水洗净，避免有过量的药剂残留。

安全选购西红柿

一看颜色	颜色越红的西红柿表示成熟度越好，吃起来的口感越好。
二巧鉴别	外形上，人工催熟的西红柿外形不圆润，多有棱边；看内部，掰开西红柿后，人工催熟的西红柿少汁，无籽或呈青绿色，口感青涩，自然成熟的西红柿多汁，果肉呈红色，籽呈土黄色，口感较好；尝口感，人工催熟的西红柿果肉发硬，口感生涩，而自然成熟的西红柿酸甜适中，口感较好。
三试手感	挑选外形圆润的西红柿，像有棱或者果实布满斑点的尽量不要选择，用手轻捏西红柿，皮薄有弹性、果实结实的说明西红柿新鲜度和成熟度都较好。
四看底部	观察西红柿底部的圆圈（果蒂），如果圆圈较小，这类西红柿水分多，果肉紧实饱满。

小贴士

　　妈妈们可以根据想要为宝宝补充的营养成分选择西红柿，当然也可以变换着给宝宝吃各式各样的西红柿。

　　红色西红柿：富含番茄红素，红色西红柿中的含量约是黄色西红柿的 10 倍左右。

　　橙色西红柿：番茄红素含量少，但胡萝卜素含量高一些。

　　浅黄色西红柿：含少量的胡萝卜素，不含有番茄红素。

　　粉红色西红柿：含有少量番茄红素，胡萝卜素也很少。

　　樱桃西红柿：含糖量高于大西红柿，热量也略高一些。

虾

别名	虾米、河虾、草虾、长须公

虾的营养与作用

虾的蛋白质含量丰富，且虾肉鲜嫩，容易被宝宝消化吸收，摄入蛋白质多，对增强宝宝体质，促进宝宝健康成长很有帮助。

虾中钙、镁的含量也较高，因此，虾可以促进宝宝骨骼的生长、牙齿的坚固，是很好的补钙食物。

虾的安全问题

因为虾含有丰富的组氨酸，是虾呈味鲜的主要成分。而虾一旦死亡，其体内的组氨酸即被细菌分解成对人体有害的组胺物质。此外，虾的胃肠中常含有致病菌和有毒物质，死后虾体极易腐败变质。而且随着虾死亡时间的延长，所含有的毒素积累得更多，人吃了便会出现食物中毒现象。因此不要给宝宝吃死虾。吃不完的虾烹饪后再放进冰箱冷藏，下次食用前加热即可。

安全选购虾

一看体形	目前，很多朋友都不太喜欢挑选体形弯曲的虾来食用，主要是因为这样的虾一般看上去个头都比较小，而且不容易去壳。可是大家并不知道，新鲜的虾是要头尾完整，头尾与身体紧密相连，虾身较挺，有一定的弹性和弯曲度的。如果虾头与体、壳、肉相连松懈，头尾易脱落或分离，不能保持其原有的弯曲度，那么很有可能是不新鲜的虾，更有可能已经是死虾了。
二看体表	鲜活的虾体外表洁净，用手摸有干燥感。但当虾体将近变质时，甲壳下一层分泌黏液的颗粒细胞崩解，大量黏液渗到体表，摸着就有滑腻感。如果虾壳黏手，说明虾已经变质。
三看颜色	虾的种类不同，其颜色也略有差别。新鲜的明虾、罗氏虾、草虾发青，海捕对虾呈粉红色，竹节虾、基围虾有黑白色花纹略带粉红色。如果虾头发黑就是不新鲜的虾，整只虾颜色比较黑、不亮，也说明已经变质。
四看肉壳	新鲜的虾壳与虾肉之间黏得很紧密，用手剥取虾肉时，虾肉黏手，需要稍用一些力气才能剥掉虾壳。新鲜虾的虾肠组织与虾肉也黏得较紧，如出现松离现象，则表明虾不新鲜。
五闻味道	新鲜的虾有正常的腥味，如果有异常臭味，则说明虾已变质。

猕猴桃

别名	奇异果

猕猴桃的营养与作用

猕猴桃的营养价值很高，其中维生素C含量在水果中位居前列，给宝宝吃猕猴桃，对增强宝宝体质、提高宝宝机体免疫力十分有帮助。

猕猴桃有点儿微酸，能减少宝宝肠胃胀气，增进宝宝的食欲。同时，猕猴桃中含有较多的膳食纤维，能促进肠道蠕动，对缓解宝宝便秘很有帮助。

安全选购猕猴桃

一看外观	在选购猕猴桃时，以无虫蛀、无破裂、无霉烂、无皱缩、无挤压痕迹、果蒂部附近隐隐约约显绿色者较好，通常果实越大，质量越好。
二摸质地	要选择果实整体看上去处于硬质状态的果实。凡是已经整体变软或者局部有软点的果实，或者小块部位有碰伤、破损的，最好不要购买。

橘子

别 名	桔子

橘子的营养与作用

　　橘子的维生素C含量很高，一个橘子几乎能满足人体在一天中所需的维生素C，因此给宝宝吃橘子，可以补充宝宝对维生素C的需求。但是，橘子不要多吃，一天吃一个就好。橘子吃多了容易患胡萝卜素血症，皮肤会变得深黄色，就像黄疸一般，通常只要不再吃橘子，这种情况就会有所缓解。而且橘子吃多了也会出现口舌生疮、咽喉干痛的症状，因此要控制给宝宝吃橘子的量。如果是榨橘子汁的话，榨一个可能有点儿少，可以多榨几个，然后全家人一起喝，这样不仅宝宝补充了维生素C，家人也补充了。

　　橘子中还含有丰富的柠檬酸，有助于消除疲劳，舒缓情绪。此外，橘子中的果胶和橘络可以促进通便，使宝宝不受便秘的困扰。

橘子的安全问题

在我国，往水果表皮上打食用蜡是合法的，这是为了让水果保鲜、耐存储，有更长的销售期，这种食用蜡是安全的、可食用的，而且食用蜡没有颜色，清洗后不会掉色。

但是食用蜡的价格较贵，于是一些不法商贩就用工业蜡与色素代替，以降低成本。染了色素的橘子在用水洗过后，就掉色了。常用于橘子表皮的染色剂是"苏丹红"和"橘子红二号"，这两种色素都是明令禁用于食品上的。而且如果给橘子染色的时间较长，染色剂就有可能浸入到果肉中，给食用者带来健康隐患。

妈妈在选购橘子的时候一定要注意这种染色橘子，买的时候，可以用手沾一些水擦拭橘子表皮，看手指上是否会有颜色出现。

安全选购橘子

一看大小	橘子宜选择个头中等为宜，如果橘子太大，则皮厚、肉不甜。如果橘子太小，则生长不够好，口感较差。
二看颜色	橘子选择颜色比较黄一点儿的口感较好，颜色越黄说明成熟度越高。橘子上的叶子越新鲜，说明橘子口感越好。
三看外表	好吃的橘子外表都比较光滑，上面的小细胞点点较细密紧致。
四捏弹性	用两手指轻轻压橘子外表皮，感觉果肉结实，放手之后会弹回去，则皮薄肉厚水分多，宜选购。

🍃 健康宝宝餐这样做

猕猴桃汁

原料　猕猴桃2个
做法
①将猕猴桃用流动水清洗干净，剥去外皮，将猕猴桃肉切成小块，待用。
②放入榨汁机中榨出猕猴桃汁，过滤后加1倍温开水冲调，即可。

黑米小米豆浆

原料　水发黑米20克，水发小米20克，水发黄豆45克
做法
①将已浸泡8小时的黄豆、小米、黑米倒入碗中，加入适量清水，用手搓洗干净。
②将洗好的材料倒入滤网，沥干水分后倒入豆浆机中。
③注入适量清水，至水位线即可，打浆。
④待豆浆机运转约20分钟后，把煮好的豆浆倒入滤网，滤取豆浆。

银耳羹

原料　银耳5克，鸡蛋1个，冰糖60克
做法
①银耳温水泡发，除杂质，分成片状，加适量水煮开，再用文火煮至银耳软烂。
②冰糖另加水煮化，打入鸡蛋，兑少许清水，煮开并搅拌，将鸡蛋、糖汁倒入银耳锅内，搅拌均匀即可。

西红柿炒鸡蛋

原料　鸡蛋、西红柿各1个，食用油、盐各适量
做法
①将西红柿洗净，用开水烫一下，去皮，切成片或丁，待用。
②将鸡蛋打碎，放入盐，拌匀。
③锅中注油烧热，把鸡蛋倒入翻炒，再放入西红柿丁，翻炒。
④煮至出汤后稍收汁即可。

芦笋烧鸡块

原料 鸡胸肉100克，芦笋50克，红甜椒1个，盐、食用油各适量

做法

①鸡胸肉切小块，沸水汆烫，捞出沥干；芦笋去根去皮，切长段，入盐水内煮至断生；红甜椒去蒂去籽，洗净切长条。

②锅里加油烧热，放入鸡块爆炒至表面呈微焦黄色，再放入芦笋、红甜椒炒匀即可。

海带烧豆腐

原料 水发海带丝100克，北豆腐1块，熟豌豆丁30克，高汤适量，芝麻油少许

做法

①取少许高汤煮沸，加入水发海带丝煮烂。

②将北豆腐切成小块与豌豆丁一起入高汤锅中，上盖小火焖5分钟，滴入芝麻油即可起锅。

紫菜蛋花汤

原料 水发紫菜200克，鸡蛋1个，葱末少许，食用油适量

做法

①鸡蛋打入碗中，顺一个方向打散，制成蛋液。

②锅中倒入适量清水，放入少许食用油，拌匀煮沸。

③倒入洗好的紫菜，用中火煮至熟透。

④倒入蛋液，搅散成蛋花。

⑤撒上葱末拌匀，将汤出锅盛入碗中即可。

花菜香菇粥

原料 西蓝花100克，花菜80克，胡萝卜80克，大米200克，香菇、葱花各少许

做法

①洗净去皮的胡萝卜切丁；洗好的香菇切条；洗净的花菜、西蓝花去除菜梗，再切成小朵。

②锅中注水烧开，倒入洗净的大米，盖上盖，用大火煮开后转小火煮40分钟。

③倒入香菇、胡萝卜、花菜、西蓝花，拌匀，续煮15分钟至熟。

④盛出煮好的粥，装入碗中，撒上葱花即可。

虾仁西蓝花粥

原料　水发大米15克，虾仁3只，西蓝花10克，胡萝卜10克，高汤90毫升

做法

①将大米洗净后磨碎。

②将虾仁洗净剁碎；西蓝花洗净，汆烫剁碎；胡萝卜洗净去皮，剁成碎末。

③锅中注入适量清水，放入大米和高汤熬煮成米粥，加入西蓝花、胡萝卜和虾仁煮熟即可。

蔬果虾蓉饭

原料　西红柿1个，香菇3朵，胡萝卜半根，大虾50克，西芹少许，米饭1碗

做法

①香菇洗净去蒂，切块。胡萝卜洗净，切粒；西芹洗净，切末。

②将西红柿放入开水中烫一下，去掉皮，再切成小块。

③大虾煮熟后去掉皮，取虾仁剁成蓉。

④将锅置于火上，放入所有菜品，加少量水煮熟，最后再加入虾蓉，一起煮熟后淋在饭上拌匀即可。

虾仁青豆饭

原料　虾仁100克，青豆、胡萝卜、山药、大米各50克

做法

①虾仁去肠泥，用清水洗净，放入盘中，待用。

②将青豆洗净，在沸水锅中煮5分钟左右捞出，沥干。

③将胡萝卜、山药洗净切丁；大米洗净，放入水中浸泡1小时。

④将大米放入电饭煲中，加入适量清水，虾仁、青豆、胡萝卜、山药放在大米上面，按下开关，焖20分钟左右，开关跳过后，再焖10分钟左右即可。

虾仁肉饺子

原料　猪里脊肉200克，虾仁100克，香菇、胡萝卜、小白菜叶各少许，食用油适量

做法

①将里脊肉、虾仁分别剁碎放入盆中，浇入热油、水，拌匀。

②将香菇洗干净切成片，用开水焯过后切碎；再将胡萝卜、小白菜叶子分别切碎，将上述材料一起放入已搅拌好的肉馅中拌匀。

③擀饺子皮，要薄、小，加入馅，包成小饺子。

④水烧开后，将饺子放入，要多煮一会儿，待饺子上浮后即可。

Part

8

2～3岁：吃出健康聪明宝宝

宝宝开始
断奶了

　　断奶对宝宝来说是一个非常重要的时期，是宝宝生活中的一大转折。断奶不仅仅是食物品种喂养方式的改变，更重要的是断奶对宝宝的心理发育有着重要影响。宝宝在吸吮乳汁的同时与妈妈进行感情交流，获得母爱，这对于宝宝的身心发育具有重要影响。如果断奶方法不当，不但宝宝心理上难以适应，还会给宝宝的身体健康带来负面影响。

　　首先在心理上，要把断奶看成是自然过程，当宝宝对母乳以外的食物味道感兴趣时，应用适当的语言诱导和强化，使宝宝受到鼓励和表扬，感到愉快。同时爸爸妈妈应有意识地多与宝宝接触，跟他一起做游戏，使宝宝感到身边的人都爱他，有安全感。

　　其次，断奶应先从减少白天喂母乳次数开始，逐渐过渡到夜间，可用配方奶逐渐取代母乳。这期间，宝宝从蹒跚学步到自由行走、玩耍，宝宝的活动范围逐渐扩大，兴趣逐渐增加，与妈妈的接触时间逐渐减少，有利于断奶。

再次，如果决定断奶，就不要让宝宝再次看到或触摸妈妈的乳头。妈妈在断奶期间不应回避，应多和宝宝接触，转移宝宝的注意力，尤其是在宝宝哭闹时，一定要耐心安抚宝宝，千万不能训斥宝宝。在断奶期间，不应母婴分离，这样会给宝宝带来心理上的痛苦。

另外一点值得注意的是，要减少宝宝断奶后对妈妈的依赖，爸爸的作用不容忽视。在宝宝断奶前，要有意识地减少妈妈与宝宝相处的时间，增加爸爸照料宝宝的时间，给宝宝一个心理上的适应过程。刚断奶的一段时间里，宝宝会对妈妈更加依赖，这时爸爸可以多陪宝宝。刚开始宝宝可能会不满，时间久了就会适应。让宝宝明白爸爸也可以照顾他，而妈妈也一定会回来。这样增加对爸爸的信任，会使宝宝减少对妈妈的依赖。部分家长在宝宝断奶后，因为心理上的内疚，容易对宝宝纵容，满足宝宝的任何要求，但要知道越纵容，宝宝的脾气越大。在断奶前后，妈妈可以适当多抱一抱宝宝，但是对于宝宝的无理要求，却不要轻易迁就，不能因为断奶而养成宝宝的坏习惯。

给宝宝加餐

2~3岁的宝宝，正餐一日三餐基本上可以与大人同时进行了。不过这时宝宝的生长仍处于迅速增长的阶段，各种营养元素的需要量较高，需要在正餐之外另加辅食。但是加餐与正餐的时间间隔不宜太近。

给宝宝的
健脑益智食物

当孩子3岁左右时，脑部发育已经达到高峰。即使宝宝的身高体重仍不断增加，但脑重量的增加却很缓慢了。宝宝0~2岁时脑重量快速增长，刚出生的宝宝脑重量为成人的25%，2~4岁时脑重量达到成人的80%，4~7岁时脑重量达到成人的90%。因此在宝宝2~3岁这个阶段，要给宝宝多补充健脑益智类的食物，为大脑的快速发育提供能量。

那么宝宝的脑部发育需要哪些营养呢？

❖蛋白质：蛋白质提供的氨基酸可影响神经传导物质的制造。

❖糖类：大脑的表现也同样受糖类的影响，如果血糖过低，脑细胞就会因为能源不足而失去功能。

❖卵磷脂：卵磷脂与细胞膜的生成有关，是一种帮助人体制造脑部神经讯息传导物质（乙酰胆碱）的重要成分。

❖油脂类物质：婴儿脑部60%是脂肪结构，而不饱和脂肪酸是帮助婴儿脑细胞膜发育及形成脑细胞、脑神经纤维与视网膜的重要营养素。

综上所述，宝宝宜吃的健脑益智食材有鱼、核桃、花生、鸡蛋、鸡肉、黄花菜等。

❀鱼肉：鱼肉中含有的优质蛋白很容易被宝宝消化和吸收，含有的脂肪以不饱和脂肪酸为主，海鱼中此种成分更为丰富。另外，海鱼中还含有二十二碳六烯酸（DHA），是人脑中不可缺少的物质。

❀核桃：健脑佳品，其中含有丰富的磷脂和不饱和脂肪酸，经常给宝宝食用，可以让宝宝获得足够的亚麻酸和亚油酸。这些脂肪酸可以促进大脑发育，提高大脑活动的功能。

❀花生：花生中的谷氨酸和天门冬氨酸能促进脑细胞的发育，有助于增强记忆力，是益智健脑的好食材。此外，花生的红衣，有补气补血的作用，很适合体虚的宝宝食用。

❀鸡蛋：含有丰富的卵磷脂，能够促进宝宝大脑神经系统的发育，提高大脑注意力。蛋黄含铁量丰富，但吸收率较差，能在一定程度上预防宝宝贫血，保证大脑的供氧量。1岁以内的宝宝不宜吃蛋清，给宝宝食用蛋黄，一般从1/4个蛋黄开始，待宝宝适应后再逐渐增加到1个蛋黄。

❀鸡肉：鸡肉蛋白质含量较高，且含有丰富的维生素A、维生素B_1、维生素B_2等营养素，对大脑神经系统的发育有促进作用，有助于宝宝的生长和智力发育。

❀黄花菜：被称为健脑菜，黄花菜含有丰富的蛋白质、钙、铁和维生素C、胡萝卜素、脂肪等人体必需的营养素，这些营养素可以促进脑细胞的发育和维持大脑活动功能。

宝宝餐食材推荐

牛奶

别名	牛乳

牛奶的营养与作用

　　牛奶的营养价值很高，含有丰富的钙、磷、锌、铜、锰、钼等矿物质，牛奶是人体钙的最佳来源，而且钙磷比例非常适当，利于钙的吸收，人体骨骼、牙齿的强度离不开钙，因此给宝宝喝牛奶，有助于骨骼生长，牙齿坚固。同时牛奶中含有的磷，对促进幼儿大脑发育也有着重要的作用。

牛奶脂肪球颗粒小，呈高度乳化状态，易于消化吸收，且胆固醇含量，适宜宝宝食用。

牛奶含有优质的蛋白质和容易被人体消化吸收的脂肪、维生素A和维生素D，因此被人们称为"完全营养食品"。牛奶包括人体生长发育所需的全部氨基酸，消化率达98%，为其他食品所不及，给宝宝喝牛奶，有助于其健康的生长发育。

牛奶中含有维生素B_2，有助于宝宝视力的提高；牛奶中含有的乳糖，有助于机体对钙、铁的吸收，增强肠胃蠕动，有助于消化；牛奶中含有的镁，有助于缓解心脏、神经系统的疲劳；牛奶中含有的锌，能促进伤口更好、更快地愈合；牛奶中含有的铜和维生素A等物质，可使宝宝肌肤柔嫩、光滑，有美白的作用。

安全选购牛奶

一看营养标签	看配料表（每种食品的标签上，配料表都是按照其所占比例由多到少依次排序的）。若配料表中只有生牛乳，那恭喜你，你买到的是真正的纯牛奶。
二辨别杀菌方式	巴氏杀菌奶：消毒温度在 60℃~70℃，时间为30分钟，因其消毒温度低，对营养素的损失较少，奶质比较新鲜。但它灭菌不彻底，且保存方式会受限制，要求 2℃~6℃冷藏，外出携带不方便。 超高温灭菌奶：消毒温度为120℃~130℃，瞬时灭菌，消毒彻底，因其温度高，对营养素有部分损失，比如维生素C，不过牛奶中本身维生素 C 含量就不高，所以可忽略不计。超高温灭菌奶保存时间长，常温密闭可保存45天，外出携带方便。可根据自身需求来选择。

酸 奶

别 名	酸牛奶

酸奶的营养与作用

　　和鲜牛奶相比，酸牛奶不但具有新鲜牛奶的营养成分，而且还能使蛋白质结成细微的乳块，更容易被宝宝消化吸收。

　　酸奶能抑制肠道腐败菌的繁殖，防止和阻碍人体吸收有害菌分解的毒素，从而有调节肠道、增强机体抗病的能力，同时可以减少宝宝腹泻的发病率。

　　此外，酸奶能刺激胃酸分泌，提高食欲，增强胃肠的消化功能，促进机体的新陈代谢，有利于宝宝的生长发育。

　　酸奶中含有的半乳糖，是构成大脑、神经系统中脑苷脂类的成分，与大脑的发育完善密切相关，通过饮用酸奶，保证半乳糖的供应，对促进大脑发育、增强智力有良好的作用。

酸奶的安全问题

由于酸奶的生产工艺需要，添加剂的使用是允许的，只要科学合理限量使用，并不会对人体健康造成危害。但是有些不良商贩为了延长酸奶的保质期、降低生产成本、丰富酸奶口味等，会过量或使用不合格的添加剂，这样的话就会对人体健康造成威胁，也是市场上存在的主要安全隐患。

酸奶是在牛奶的基础上经发酵得来。发酵过程中便需要微生物的参与，但是由于环境中存在着大量的细菌，因此在发酵前必须对原料牛奶和发酵器具等进行杀菌。一般大型企业皆能达到合格的杀菌标准，而小作坊或自制酸奶的话则很难做好这一点，于是生产出来的酸奶便存在着有害菌的污染问题。

安全选购酸奶

一选口味	酸奶尽量购买原味的，避免新鲜食材的各类添加剂成分。
二看日期	一般的酸奶保质期都在 21 天左右，购买酸奶挑最接近出厂日期的，因为时间越长，有益菌群消失的越多。
三看厂家	尽量选择大厂家生产的酸奶，因为相比一些小作坊而言，大厂家的酸奶会更让人放心一些，经过的审核认证也会更多一些，避免出现一些不必要的麻烦。

燕麦

| 别名 | 野麦、雀麦 |

燕麦的营养与作用

　　燕麦属于粗粮，想增加粗粮在三餐当中的比例，可以将燕麦与大米进行比例（1:4）混合，煮成米饭，这样能延缓体内血糖生成指数，也更有效增加饱腹感。

　　妈妈们还可以将燕麦、坚果仁、面粉等一起混合，制作成小饼干，给宝宝当健康零食，既满足宝宝对零食的欲望，也有助于宝宝的身体健康。

燕麦的安全问题

种植燕麦的土地、水源受到污染、种植过程中使用的化肥、农药等如果含有过量的重金属，燕麦生长过程中经吸收后就会使重金属残留在成品中。

燕麦在成品加工、运输、储存过程中，环境条件控制不当，容易受到微生物的污染，如沙门氏菌、金黄色葡萄球菌、黄曲霉菌等，经食用后容易给人体带来伤害。

为了延长产品的保质期、改变燕麦的性状、改善燕麦的口感，生产过程中会使用添加剂，如果是科学合理地使用添加剂，并严格按照规定限量使用，一般是没什么问题的，主要是有些商家贪图便宜、牟取暴利，非法使用添加剂，因此使燕麦中的添加剂成了威胁人们健康的隐患之一。

安全选购燕麦

一看成分表	购买燕麦时一定要看清楚食物的配料表，看配料表中只有唯一的燕麦，这才算是真正的燕麦。
二看外观	我们要选择粒大饱满的燕麦粒，这样燕麦的营养价值才会损失少一点。
三根据需求进行购买	燕麦是同时拥有可溶性和不可溶性膳食纤维的全谷物类。不溶性膳食纤维多的燕麦片需要熬煮的时间比较久一点，但是在增加粪便的量，预防和改善便秘两方面更具优势。可溶性膳食纤维较多的是袋装麦片，熬煮几分钟即可。

黑豆

| 别名 | 乌豆、黑大豆 |

黑豆的营养与作用

给宝宝吃黑豆，可以补充蛋白质，从而提高机体的免疫力，增强抗病能力。

给宝宝吃黑豆，可以补充钙，有利于宝宝骨骼和牙齿的健康成长，使牙齿坚固有力。

给宝宝吃黑豆，可以补充镁，以增进宝宝的食欲，爱上吃饭不再厌食，这样有利于宝宝从其他食物中获取营养物质，促进宝宝的生长发育。

给宝宝吃黑豆，可以补充钾，能够调节体内渗透压的平衡，有助于维持体内新陈代谢的正常，使宝宝健康成长。

给宝宝吃黑豆，可以补充磷，不仅可以促进宝宝骨骼、牙齿的正常发育，还可以保护大脑皮层，有健脑益智的作用。

黑豆的安全问题

黑豆泡水掉色是正常的，因为黑豆皮层含有花青素，对酸性、碱性都有明显的颜色变化。

正常情况下泡黑豆的水是紫红色，稀释以后也是紫红色或偏红色。如果泡出的水像墨汁一样，经稀释后还是黑色，就可能是染色黑豆。

往黑豆水中加入白醋，如果颜色变红，则为真黑豆，如果不变则为染色黑豆。另外也可以加入小苏打，颜色变为暗蓝色，则为真黑豆，不变色则为染色黑豆。

安全选购黑豆

一看外观	正常的黑豆表面会有一个小白点，如果黑豆经过染色的，小白点也将会全变成黑色。
二看豆衣	黑豆的豆衣比较薄，将黑豆进行染色的话就会渗透其中，剥开后就会发现染色豆衣内侧也变色。剥开豆衣如果里面是白色或者青色的，就是真黑豆。
三擦表皮	真黑豆用力在白纸上擦，不会掉色，而染色黑豆的颜色经摩擦就会留下痕迹。在超市进行选购时，可以用湿巾擦拭黑豆，如果是染色黑豆的话，就会有颜色留在湿巾上。

山药

| 别名 | 淮山药、土薯 |

山药的营养与作用

山药中蛋白质的含量高，给宝宝吃山药可以增强体质，还不容易长胖。

山药含有淀粉酶、多酚氧化酶等物质，有助于增强脾胃的消化吸收功能，是一味平补脾胃的药食两用之品。因此山药是给宝宝添加辅食时一个很好的食物，可以调补宝宝的脾胃，不会给宝宝的脾胃带来很大的负担，还有利于宝宝脾胃的消化吸收。

山药中含有的淀粉酶可以将水解淀粉转化为葡萄糖，可以直接为大脑提供热能，有健脑的作用；且山药中还含有丰富的胆碱和磷脂，这两种物质在大脑的活动中起重要作用，补充胆碱和磷脂有助于提高大脑的记忆力，对促进宝宝的大脑发育十分有益。

山药的安全问题

面对蔬菜水果我们大家更愿意去选择那些新鲜的，但是往往由于季节、生产和运输等多方面的原因，商家不得不存储一些非当季蔬果，但是储存的方式和方法各有不同，有的甚至使用一些危害我们食品安全的方法。

市面上曾经一度有使用甲醛进行喷雾，从而对山药进行保鲜。甲醛是无色、有刺激性味道的气体，可以对人体的呼吸道和消化道均造成伤害，出现头晕、头痛、眼睛酸涩等症状。在挑选山药时应注意，闻一下是否有刺鼻异味；放置时间过久一般里面会开始变色腐烂；在食用之前将山药去皮，最后将两端去掉冲洗一下。

安全选购山药

一挑重量	相同大小的山药选择重量重一些的。
二看须毛	同一品种的山药须毛越多越好，这样的山药口感较好。
三看切面	新鲜山药横切面呈白色，一旦出现黄色或者红色，则表明此类山药新鲜度已经降低，尽量不要购买。
四看外观	山药表皮出现褐色斑点、外伤或破损的，不建议购买，此类山药品质较差。

油菜

别名	上海青、油白菜

油菜的营养与作用

　　油菜中含有食物粗纤维和维生素C、B族维生素和少量钠离子等营养元素，为含维生素和矿物质最丰富的蔬菜之一，有助于宝宝增强机体免疫力。油菜性偏寒，脾胃虚寒、大便溏泄的宝宝不宜多食。

油菜的安全问题

油菜的安全问题和大多数蔬菜一样，主要是农药残留的问题，因此妈妈们可以在大型超市选购经过检测达标的蔬菜，或者是农家种植的有机蔬菜；其次，买回来的蔬菜要做好清洗工作。

购买的油菜需要尽快吃掉，不宜存放太久，以保持其新鲜度。长时间存放后由于细菌和酶的作用容易产生有害物质。

在清洗时注意反复清洗，避免农药残留所带来的危害；烹调时宜选用急火快炒的形式，避免过多破坏其营养价值。

安全选购油菜

一看叶子	选择油菜时一般选择叶子较短的，食用的口感较好。
二看颜色	油菜的叶子有深绿色和浅绿色，浅绿色的质量和口感要好一些；油菜的梗同样也有青和白之分，白梗的味道较淡，青梗味道更浓一些。
三看外表	外表油亮，没有虫眼和黄叶的较为新鲜。
四用手掐	用手轻轻掐一下油菜的梗，如果一掐容易折断，即为新鲜较嫩的油菜。

菠菜

别名	赤根菜、鹦鹉菜

菠菜的营养与作用

　　菠菜中富含类胡萝卜素、维生素C、维生素K、矿物质等营养物质，有促进人体新陈代谢，促进生长发育，提高免疫力的作用，给宝宝食用菠菜，有助于宝宝的身体健康，少生病。

　　菠菜中含有的胡萝卜素，是维生素A原，有保护眼睛、保护视力的作用，同时还能够治疗口角炎，因此适宜给宝宝吃菠菜。

　　菠菜中还含有大量的膳食纤维，有促进胃肠蠕动的作用，有利于排便，可预防宝宝便秘。

　　菠菜中铁的含量也较其他蔬菜高，对于缺铁性贫血有较好的辅助治疗作用，因此贫血的宝宝可以多吃菠菜。

菠菜的安全问题

　　菠菜在生长过程中，容易被过度添加氮肥。氮肥经过氧气氧化或其他物质转化会变成硝酸盐，这将导致菠菜中含有大量的硝酸盐残留物。医学界证实，硝酸盐经过新陈代谢会变成亚硝酸，亚硝酸会影响血红球抗氧化功能，使人易于疲劳。6个月以下的婴儿对它尤为敏感，食多了可能导致窒息。

　　豆腐、虾皮里含有较多的钙质，菠菜中含有较多的草酸，若同时进入人体，会生成不溶性的草酸钙，人体内的结石正是草酸钙、碳酸钙等难溶性的钙盐沉积而成的，同时也影响宝宝对钙的吸收。因此，菠菜、虾皮、豆腐等同时食用时，应先将菠菜用开水焯水，将绝大部分草酸去除，然后再烹饪，就可以放心食用了。

安全选购菠菜

一看叶片	叶片充分伸展、肥厚、颜色深绿且有光泽，如果叶片变黄、变黑或者叶片上有黄斑的菠菜最好不要选购。
二看茎部	看菠菜的茎部是否有弯折的痕迹。如果有多处的弯折或者叶片开裂，说明放置时间过长，不宜选购。
三看根部	新鲜的菠菜根部呈现紫红色，若颜色变深，根部干枯，说明放置时间过长，不宜选购。

莲藕

别名	水芙蓉、莲根

莲藕的营养与作用

莲藕富含维生素C、植物纤维、维生素B_1、维生素B_{12}、维生素E、铁、钙。维生素C有预防感冒的作用；植物纤维可以保护胃黏膜，并改善便秘。

莲藕富含淀粉、蛋白质、B族维生素、维生素C及钙、磷、铁等多种矿物质，肉质肥嫩，白净滚圆，口感甜脆，能促进宝宝的食欲，防治宝宝便秘。没切过的莲藕可在室温中放置一周的时间，但因莲藕容易变黑，切面孔的部分容易腐烂，所以切过的莲藕要在切口处覆以保鲜膜，则可冷藏保鲜一周左右。

莲藕的安全问题

莲藕营养丰富，是很多家庭常备的蔬菜之一。现在生活条件好了，在追求营养价值的同时也会追求蔬菜的"颜值"，在购买莲藕时是否要过于追求颜值呢？市面上白白胖胖的莲藕是不是你应该购买的对象呢？

普通新鲜的莲藕表面呈淡黄色，断口处有一股特别的清香，而"漂白藕"则会表面洁白、干净，售价也高，但是这种经过工业试剂（大多使用柠檬酸）泡过的莲藕，在清洗的过程中会变色，有一股难闻的气味，而且容易腐烂。在食用时口感较差，而且对消化道会产生刺激。

安全选购莲藕

一看颜色	新鲜莲藕外皮呈微黄色，如果表面呈黑褐色说明新鲜度下降。
二闻味道	新鲜莲藕本身有一股淡淡泥土的味道，如果闻到有臭味或者酸味，说明莲藕品质较差或经过处理，建议不要购买。
三看颜值	购买莲藕时要注意有无明显外伤，如果表面覆盖泥土，洗净后看是否完好，看孔内是否有泥土。
四看通气孔	可以切开一小段莲藕，看莲藕中间的通气孔大小，尽量选择气孔较大一些的，这样的莲藕水分较多，品质和口感都比较好。
五看藕节	在选择莲藕时，尽量选择较粗而节短的，藕节间距较大一些，这样的莲藕成熟度较高，口感更好一些。

莴笋

别名	莴苣、白苣、莴菜

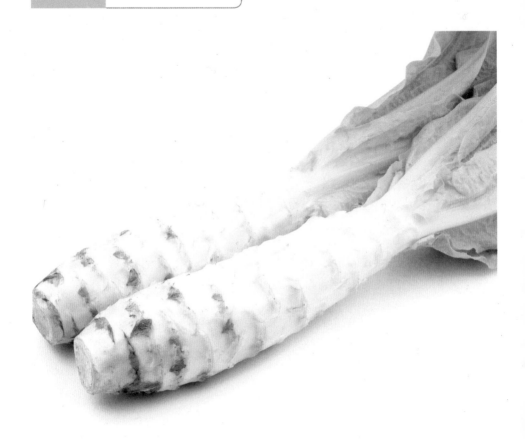

莴笋的营养与作用

　　莴笋中含有大量的纤维素，能够促进肠道蠕动，有助大便排泄，给便秘的宝宝吃莴笋可有效缓解便秘的症状，早日恢复健康。

　　莴笋可以蒸、炒、煮，它的口感略带苦味，可以刺激人体消化酶的分泌，从而提高宝宝的食欲，可以有效改善宝宝厌食、没有胃口的症状。

莴笋的安全问题

莴笋中存在着化肥、农药残留的安全问题。在种植莴笋的时候，一些菜农为了增加产量、使莴笋免受病虫侵袭，往往使用高毒农药来喷洒莴笋，从而直接导致莴笋的农药残留量超标，购买回来后，如果清洗处理得不彻底，被摄入体内，则会对人体造成伤害。

现代工业污染严重，如果浇灌莴笋的水是被工业污染的水，那么重金属铅、汞、锡等对人体有害的重金属则会通过水质进入到莴笋中，从而被人体所吸收积累，长期食用这样的食物容易造成肝肾负担，威胁人体健康。

安全选购莴笋

一看外形	新鲜、品质上乘的莴笋略粗短，茎直不弯曲，不带黄叶、烂叶，较为整洁，叶片适中、数量不多，这样的莴笋品质较好。
二看内容	现在市场和商超的商家在售卖莴笋时大多已经削好皮，我们在选购时不容易从外表判断新鲜程度，可以选择质脆，水分充足，不蔫萎，整洁干净无铁锈等杂物的。
三闻味道	新鲜的莴笋茎部肥大，脆嫩，味道清香，无杂味。
四看老嫩	新鲜的莴笋颜色呈淡绿色；老的莴笋皮厚，肉呈现白色，会有空心的现象出现。

金针菇

别名	冬菇、毛柄金钱菌

金针菇的营养与作用

　　金针菇含有8种人体必需氨基酸，其氨基酸的含量特别丰富，高于一般菇类，尤其是赖氨酸的含量特别高。赖氨酸具有促进儿童智力发育的功效。

　　金针菇中含有的蛋白质在体内扮演着调节免疫机制的作用，它有助于提高机体的免疫力，刺激机体产生更多的抗过敏因子，因此给宝宝食用金针菇，可以很好地帮助宝宝对抗过敏，加速机体的新陈代谢，早日恢复健康，免受过敏的困扰。

　　此外，有研究发现，金针菇中含有的朴菇素，对一些癌细胞有明显的抵制作用，具有很好的抗癌作用。

金针菇的安全问题

　　大家可能对用硫磺熏银耳、熏笋干已早有耳闻，但是使用工业制剂柠檬酸泡金针菇，恐怕很少人听说过。鲜金针菇耐贮性较差，为了便于储存，延长其新鲜程度，在运输或保鲜的过程中会往里加入柠檬酸，这样的金针菇保质期可以延长。但是随之而来的是对我们身体健康的威胁，长期过量食用含有柠檬酸的食品，会导致体内钙质流失，导致低钙血症。而使用工业柠檬酸浸泡，化学残留会损害神经系统，诱发过敏性疾病，甚至致癌。

　　禁食不熟金针菇。未熟透的金针菇中含有秋水仙碱，宝宝食用后容易因氧化而产生有毒的二秋水仙碱，它对胃肠黏膜和呼吸道黏膜有强烈的刺激作用。

安全选购金针菇

一看颜色	优质的金针菇颜色呈淡黄至黄褐色，菌盖中央比边缘深一些，菌柄上浅下深。
二闻气味	不管是白色还是黄色，优质金针菇的颜色应该较为均匀、鲜亮，带有一股清香味。如果闻起来没有应有的清香反而有异味的，可能是经过熏、漂、染或用添加剂处理过的，在选择时应避开这一类。

黑木耳

别名	树耳、木蛾、黑菜

黑木耳的营养与作用

　　黑木耳中含有大量的糖类，蛋白质含量约占10%，经常食用有助于补充宝宝体内的蛋白质和维生素等营养成分，促进生长发育。

　　黑木耳也是补铁的佳品，每100克干木耳中含铁98毫克，是猪肝含铁量的5倍，但吸收率稍差，因此给宝宝食用黑木耳，可以在一定程度上补充铁元素。由于宝宝的胃肠发育尚不完善，因此烹饪黑木耳时要把它煮得很软很烂，这样宝宝的胃肠才能很好地消化吸收，达到补铁的效果。

　　黑木耳也是胃肠的"清道夫"，因为黑木耳中所含的胶体有很强的吸附力，可以有效清除胃肠内的杂物以及消化纤维素，还有促进胃肠蠕动作用。

黑木耳的安全问题

黑木耳味道鲜美，营养丰富，烹制黑木耳的方式多种多样，但是正确安全地食用是享受美味的前提。

鲜木耳不可食用。这是因为鲜木耳中含有一种"卟啉"的物质，食用鲜木耳后经阳光照射会发生植物日光性皮炎，引起皮肤瘙痒、红肿、痒痛，所以木耳都需要经过阳光暴晒，分解掉卟啉，制成干品再出售食用。

干制木耳食用前需要泡发洗净，尽量用温水泡发，缩短泡发时间。泡好后，流水清洗两到三遍，最大限度除去杂质和有毒物质。

如果黑木耳泡多了，可冰箱冷藏24小时，超过24小时后，不管是否变质都要扔掉。

安全选购黑木耳

一看形状	由于黑木耳的生长较为缓慢，长得较为厚实，所以在选择时应注意观察黑木耳朵型是否均匀，朵型均匀且卷曲现象较少的，说明该类是较为优质的木耳；如果肉质较少，朵型卷曲程度较高，尽量不要去购买。
二看色泽	优质的黑木耳正反两面的色泽度是不同的，一般内部都呈现出黑色，背部则呈现出灰色且有明显的脉络，这一类的黑木耳可以选购；如果两面都呈现出黑色，可能是喷洒了某些化学制剂，建议不要购买此类黑木耳。
三触手感	我们在选购木耳的时候大多选择的是干木耳，所以在选购的时候同样大小的木耳掂重量，重量较轻的质量较优，在捏的时候有清脆的声音，表面光滑，易碎。如果发现木耳有韧性，建议避免选择该类木耳，由于其水分较多，存放不当容易发霉，食用后不利于身体健康。
四闻味道	挑选木耳时，抓起一些闻一下是否有异味，优质的木耳没有异味；掰下一块尝一尝，优质的木耳同样没有异味。

花生

别名	长生果、长寿果

花生的营养与作用

花生中含钙量很丰富，可以促进宝宝的骨骼发育，有助于宝宝的生长发育，长成健壮的小少年。

花生中不饱和脂肪酸的含量丰富，其中亚油酸的含量很高，亚油酸可以促使体内胆固醇分解为胆汁酸排出体外，避免胆固醇在体内的沉积，因此可以预防多种心脑血管疾病的发生。

安全选购花生

一看外观	新花生的水分足，所以壳表面是湿润的，常会有少量泥土附着，用手掂一下稍沉。陈花生由于水分的流失，壳表面是干燥的，而且基本没有泥土附着，用手掂一下较轻。
二捏质感	新花生想要捏破会觉得不太好捏，壳较嫩。陈花生捏破较轻松，而且捏破时会有声响。
三摇听音	将花生放在耳边摇一摇，新花生几乎听不见里面花生仁晃动的声音，即使有声音也是小而沉闷的。陈花生摇起来会有声响。
四尝口感	新花生尝起来水分足，口感较嫩，能尝到淡淡的甜味。陈花生尝起来较干，会有淡淡的涩味，有的甚至会发苦。

核桃

| 别名 | 胡桃、英国胡桃 |

核桃的营养与作用

　　核桃中蛋白质和脂肪的含量很高，其中脂肪中多达80%是不饱和脂肪酸。这些物质可以很好地被人体吸收利用，尤其对于人体大脑而言，是很好的营养物质。

　　核桃中含有的赖氨酸，不仅是人体所必需的8种氨基酸之一，也是健脑益智的重要物质，2~3岁是宝宝健脑益智的关键期，给宝宝食用核桃，通过补充赖氨酸等营养物质，有助于增强宝宝的记忆力，提高智力。

　　核桃中还含有磷脂，磷脂有助于脑神经细胞之间的信息传递，提高大脑活力，增强记忆力并提高学习的效率，因此，聪明宝宝学东西会很快。

核桃中还含有丰富的B族维生素，其参与体内的新陈代谢，为大脑提供能量，使脑细胞处于最佳的平衡状态。

核桃的营养价值很高，妈妈们可以将其作为一种健康零食给宝宝食用，但是食用的量要适宜，一般建议每天10克就可以了，也就是我们手掌的"一把"左右。而且建议和其他富含不饱和脂肪酸的坚果更替食用，核桃脂肪含量很高，如果超量可能会造成肥胖等脂肪类慢性疾病。

安全选购核桃

一看颜色	市场上的核桃，有的颜色很白，有的颜色暗黄，还有些发黑。核桃皮其实就是木头材质，越接近木头的颜色说明越接近食物本来面目。有些发白的核桃可能是用一些化学试剂浸泡过或做过加工处理，如果核桃恰巧有裂痕或破损，那么说明化学药水已浸入核桃仁，不宜选购。
二看纹路	针对于核桃而言，一般花纹相对多而且纹理相对浅一些的核桃比较好，因为这花纹在核桃生长过程中为核桃输送养料，花纹越多，核桃吸收的养料也会越多。
三尝核桃	把剥皮后的白核桃仁放进嘴里咀嚼，若是又香又脆，且没有其他怪味，则为好核桃。若是味道不纯或者有怪味，则有问题，建议不要购买。

鹌鹑蛋

别名	鹑鸟蛋、鹌鹑卵

鹌鹑蛋的营养与作用

　　鹌鹑蛋中的营养分子较小，更容易被人体消化吸收，因此十分适合给脾胃虚弱的宝宝吃鹌鹑蛋，以补充体内营养所需，促进宝宝的生长发育。

　　鹌鹑蛋中还含有丰富的卵磷脂，是大脑神经活动中不可缺少的营养物质，因此给宝宝吃鹌鹑蛋，通过补充大脑所需的卵磷脂成分，有健脑益智的作用。

安全选购鹌鹑蛋

一看外观	鹌鹑蛋外壳呈灰白色，有红褐色或紫褐色的斑点，外壳坚硬的则为新鲜的鹌鹑蛋。
二听声音	用手轻轻摇动鹌鹑蛋，听不到声音的则是新鲜的鹌鹑蛋。如果听到有水声的话则是放置较久的陈蛋。
三看浮沉	杯中装冷水，将鹌鹑蛋放入冷水中，如果下沉的则证明是新鲜的鹌鹑蛋。而上浮的则是放置较久的陈蛋。

三文鱼

别名	撒蒙鱼、萨门鱼

三文鱼的营养与作用

三文鱼含有丰富的蛋白质，且鱼肉鲜嫩，宝宝可以很好地消化吸收，有利于宝宝的生长发育；其次，其含有较多的不饱和脂肪酸，以及对大脑发育很有益处的DHA，给宝宝食用三文鱼，有健脑益智的作用，可以提高宝宝的记忆力及智力。

此外，三文鱼中还含有矿物质元素铜，铜对宝宝的皮肤、骨骼、心脏的发育和功能有重要影响。

安全选购三文鱼

一看颜色	新鲜的三文鱼肉是鲜橘红色、有润泽，如果颜色发白或者发暗，色泽暗淡无光，则表明质量较劣质、不新鲜。
二看质地	新鲜的三文鱼摸上去感觉有弹性，按下去会自己慢慢恢复。不新鲜的三文鱼摸上去则是实实的，没有弹性。
三看鱼鳃	掰开三文鱼的鳃仔细看看，新鲜的三文鱼鱼鳃是鲜红色的。而不新鲜的三文鱼鱼鳃发黑。

带鱼

别名	裙带鱼、海刀鱼

带鱼的营养与作用

　　带鱼中蛋白质的含量高且优质，其鱼肉质地细腻柔嫩，比其他肉类的蛋白质更容易被宝宝消化吸收，有利于促进宝宝的生长发育。

　　带鱼中含有的碘物质，除了有维持人体的甲状腺功能外，同时还能促进机体的新陈代谢作用，对宝宝的健康十分有益。

　　带鱼的鱼鳞、银白色的油脂层中含有的6—硫代鸟嘌呤物质，有很好的抗癌作用，因此通过食用带鱼，可提高机体的免疫力，抗癌能力，增强体质。

带鱼的安全问题

有一些不法商贩会在带鱼中加入甲醛进行保鲜。

甲醛就是我们平常所说的福尔马林，主要起增色、防腐、保鲜的作用。加入到带鱼之中可以延长带鱼的保质期，还能使带鱼颜色更鲜亮，更富有弹性。但是甲醛属于非法添加物，是国家二级有毒物质，对我们身体健康很不利。我们在选购带鱼的时候，一定要闻是否有异味，捏肉质看是否紧实，不要只看外表的鲜亮程度。

安全选购带鱼

新鲜带鱼

一看鱼肉	肉厚实，色暗无光泽，肉质松软、萎缩者一般是劣质带鱼。
二看鱼鳃	看鳃是否鲜红，越鲜红就说明越新鲜。
三看鱼体	鱼体呈灰白色或银灰色且有光泽，不能是黄色，黄色表明不新鲜（发黄是银白鳞的脂肪氧化）。同时看银白色"鳞"有没有掉，银白鳞的营养价值很高，里面含有6—硫代鸟嘌呤，如果掉得比较多，说明倒腾的次数比较多，是重新包装的，鱼就不新鲜，同时营养价值也会大打折扣。
四看鱼肚	看鱼肚有没有变软破损，发软破裂的就不新鲜。

冻带鱼

一看鱼眼睛	眼球凸起，黑白分明，洁净没有脏物的就是好的；如果眼球下陷，眼球上有一层白蒙就是次的。
二看冰层	有的带鱼冰层重量是带鱼的一倍，买着便宜吃起来不划算；还有就是没有冰层的，这种鱼价格高但是你可以看到它的银白鳞掉得很多（冰层有保护鱼鳞的作用）。

🌿 健康宝宝餐这样做

香蕉酸奶

原料 香蕉120克，酸奶60克

做法

①香蕉取果肉，切小块。

②取备好的榨汁机，选择搅拌刀座组合，倒入香蕉和酸奶，盖上盖子。

③选择榨汁功能，榨出果汁。

④断电后倒出果汁，冷藏后装入杯中即成。

黑豆百合豆浆

原料 鲜百合8克，水发黑豆50克，冰糖适量

做法

①将已浸泡8小时的黑豆用手搓洗干净，沥干。

②将洗好的百合、黑豆倒入豆浆机中，加入冰糖。

③注入适量清水，至水位线即可，开始打浆。

④待豆浆机运转约15分钟，即成豆浆，把煮好的豆浆倒入滤网中，滤取豆浆即可。

牛奶藕粉

原料 藕粉、牛奶各1匙

做法

①把藕粉、牛奶和半杯水一起放入锅内，用微火熬煮。

②注意不要粘锅，边熬边搅拌，直至呈透明糊状为止。

麻酱莴笋

原料 莴笋300克，芝麻酱50克，白糖、盐各少许

做法

①将莴笋去皮洗净，切成0.5厘米粗的条，用沸水氽烫一下，捞出沥干。

②将芝麻酱放入碗中，加适量温水，再加入盐和白糖，调匀。

③将调好的芝麻酱淋在莴笋上，拌匀即可。

柠檬浇汁莲藕

原料 莲藕1节（约200克），枸杞子5粒，牛奶、柠檬汁各15毫升，蜂蜜10毫升，橄榄油5毫升

做法

①莲藕洗净刮皮，切成厚片；枸杞子用温水泡发。

②大火烧开煮锅中的水，放入切好的藕片，氽1分钟后捞出，放入冷水中浸泡。

③将牛奶、柠檬汁、蜂蜜、橄榄油混合，搅成料汁。

④将莲藕片从冷水捞出，沥干，切小块，放入盘中，淋上调好的料汁，撒上泡发的枸杞子即可。

油菜炒香菇

原料 香菇50克，油菜50克，葱末、盐、食用油各适量

做法

①香菇洗干净，切成丁。

②油菜先浸泡片刻，洗净。

③锅烧热，放入食用油，油热后加入葱末煸香。

④加入香菇丁炒透，再放油菜，加入盐，翻炒片刻出锅。

四色炒蛋

原料 青、红圆椒各50克，鸡蛋1个，黑木耳1小把，葱、盐、食用油各适量

做法

①将鸡蛋的蛋清、蛋黄分别打在两个碗内，并分别加盐打匀；黑木耳泡发待用。

②将洗净的青、红圆椒和黑木耳分别切成小块。

③油入锅烧热，分别煸炒蛋清和蛋黄，盛出。

④再起油锅，放入葱爆香，投入青、红圆椒和黑木耳，炒到快熟时，加盐，再倒入炒好的蛋清和蛋黄炒匀即可。

双菇肉丝

原料 金针菇、肉丝各100克，干香菇10克，芝麻油、盐、食用油各适量

做法

①将金针菇去根洗干净，用开水烫熟，切成火柴梗长的小段。

②将干香菇泡发煮熟，切成细丝；将肉丝上浆滑油至熟或开水氽熟。

③将金针菇段、干香菇丝和肉丝一起置于容器内，加适量芝麻油、盐，拌匀装盘即可。

菠菜牛肉卷

原料 菠菜、牛里脊各100克，虾皮15克，春卷皮、姜末、盐、橄榄油、柠檬汁、蜂蜜各少许

做法

①菠菜洗净，入沸水焯一下，沥干水分切末备用。

②虾皮洗净，切碎；牛里脊洗净剁成肉馅，与菠菜、虾皮、盐、姜末拌匀做馅。

③取适量肉馅包入春卷皮中，制成春卷；往蜂蜜中挤入适量的柠檬汁拌匀制成柠檬蜂蜜汁。

④锅中热油，放入春卷用小火炸至呈金黄色捞出，吃时蘸柠檬蜂蜜汁即可。

银耳鹌鹑蛋

原料 泡发的银耳15克，蒸熟的鹌鹑蛋4个，冰糖适量

做法

①将泡发洗净的银耳切成小朵。

②将银耳放入碗中加适量清水上锅蒸熟。

③将蒸熟的鹌鹑蛋稍微放凉后剥去外壳，装碗备用。

④锅中注入适量清水，放入冰糖，煮开。

⑤锅内放入银耳、鹌鹑蛋，稍煮后，出锅装碗即可。

萝卜仔排煲

原料 仔排300克，黑木耳、白萝卜各100克，盐、姜各适量

做法

①将仔排用盐腌上1天，用时入开水锅中煮沸，捞出去杂质。

②将水烧开后，把仔排、水发洗干净的黑木耳、切滚刀块的白萝卜一起放入锅里。

③再放姜，大火煮开，再用小火慢慢炖，直至肉香萝卜酥。

莲藕花生汤

原料 莲藕150克，水发花生米50克

做法

①将洗净去皮的莲藕对半切开，再切成薄片；装入盘中，备用。

②砂锅中注水烧开，放入洗好的花生米；盖上盖，用小火煲煮约30分钟。

③揭盖，倒入切好的莲藕；盖上盖，用小火续煮15分钟至食材熟透即可。

萝卜菠菜黄豆汤

原料　白萝卜150克，菠菜100克，黄豆40克

做法

①菠菜拣去枯叶，洗干净；白萝卜洗干净，切小丁；黄豆浸泡30分钟。

②在锅中加入水和泡发的黄豆，大火烧开，再用小火焖酥。

③放入萝卜丁，煮至酥烂后放入切碎的菠菜，烧滚开即可。

油菜粥

原料　大米50克，油菜40克

做法

①将油菜洗干净，放入开水锅内煮软，切碎备用。

②大米洗净，用水泡1小时，放入锅内，煮40分钟左右，停火前加入切碎的油菜，再煮10分钟即成。

核桃粥

原料　大米50克，核桃仁20克

做法

①将核桃仁洗净，沥干水分后捣碎，待用。

②将大米洗净，浸泡1小时。

③将核桃仁与大米一起放入锅中，加适量水熬煮成粥。

④关火后盛出，待稍微放凉后即可给宝宝食用。

糯米山药粥

原料　糯米、大米各50克，山药适量

做法

①将山药去掉皮，洗净后切块。

②将糯米和大米洗干净后，放入清水中泡发30分钟，沥干待用。

③将糯米和大米放入锅中加水煲粥，用大火煲至七成熟。

④将山药放入锅中，一起煲煮至熟，关火后盛出，放凉即可给宝宝食用。

山药稀饭

原料　面包半片，山药30克，米粥120毫升

做法

①山药切成小细丁后蒸熟。

②将熟山药丁放入米粥中煮5分钟，最后放入面包搅匀，略煮片刻即可。

鱼泥小馄饨

原料　鱼肉200~300克，胡萝卜半根，鸡蛋1个，小馄饨皮适量，酱油5毫升

做法

①鱼肉剁泥；胡萝卜去皮，切成圆形薄片。

②将胡萝卜薄片煮软，捞起沥干，剁成碎泥。

③将胡萝卜泥、搅散的鸡蛋、酱油倒入有鱼泥的碗内，拌匀。

④将馅料包成小馄饨，煮熟出锅装碗即可。

燕麦全麦饼干

原料　低筋面粉50克，燕麦100克，泡打粉5克，盐3克，橄榄油10毫升

做法

①将低筋面粉、燕麦、泡打粉倒在面板上，拌匀，中间掏一个窝，加入盐、橄榄油、水。

②将四周的粉向中间覆盖，揉至平滑，搓成粗条，取适量面团揉成圆形。

③将揉好的面团轻轻按压成饼状，将剩下的面团依次做成饼坯，放入烤盘中。

④打开预热好的烤箱，放入烤盘，上、下火调为170℃，烤15分钟，取出，装盘即可。

核桃南瓜子酥

原料　南瓜子110克，核桃仁55克，白糖75克，麦芽糖、食用油各适量

做法

①将核桃仁放入杵臼中，碾碎。

②炒锅烧热，倒入南瓜子，用小火炒干水分，倒入核桃仁，转中火炒至焦脆，盛出、放凉待用。

③用油起锅，倒入白糖，用小火翻炒至白糖溶化，加入麦芽糖，炒至完全溶化，转中火，翻炒至糖汁呈暗红色。

④倒入核桃仁、南瓜子，炒至南瓜子裹匀糖汁，盛入盘中，压平实，放凉，用刀切成块即可。